Holger Luczak • Walter Eversheim (Hrsg.)

# Telekooperation

Springer-Verlag Berlin Heidelberg GmbH

Holger Luczak • Walter Eversheim (Hrsg.)

# Telekooperation

## Industrielle Anwendungen in der Produktentwicklung

Mit Beiträgen von
D. Herbst, B. Binkowski, J. Kampmeyer, R. Lechelmayr,
C. Nöller, C. Schlick, J. Springer, M. Walz

Mit 69 Abbildungen

Springer

Professor Dr.-Ing. Dipl.-Wirt. Ing. Holger Luczak
RWTH Aachen
IAW - Lehrstuhl und Institut für Arbeitswissenschaft
Bergdriesch 27
52056 Aachen

Professor Dr.-Ing. Dr. h. c. Dipl.-Wirt.-Ing. Walter Eversheim
RWTH Aachen
WZL Laboratorium für Werkzeugmaschinen
und Betriebslehre
Steinbachstraße 53
52074 Aachen

Additional material to this book can be downloaded from http://extras.springer.com.

ISBN 978-3-642-64204-3 ISBN 978-3-642-59974-3 (eBook)
DOI 10.1007/978-3-642-59974-3

Die deutsche Bibliothek – CIP-Einheitsaufnahme
**Telekooperation:** industrielle Anwendungen in der Produktentwicklung / Hrsg.: Holger Luczak ; Walter Eversheim. Unter Mitarb. von D. Herbst ... – Berlin ; Heidelberg ; New York ; Barcelona ; Budapest ; Hongkong ; London ; Mailand ; Paris ; Singapur ; Tokio : Springer, 1999


Softcover reprint of the hardcover 1st edition 1999



Satz: Reproduktionsfertige Vorlage der Autoren
Umschlaggestaltung: de'blik, Berlin

SPIN: 10678821 68/3020 – 5 4 3 2 1 0 – Gedruckt auf säurefreiem Papier

# Vorwort der Forschungspartner

Seit Ende der 80er Jahre macht im Bereich computerunterstützter Informations- und Kommunikationssysteme ein Schlagwort Furore: Computer Supported Cooperative Work (CSCW), häufig auch als Telekooperation bezeichnet. Unabhängig vom Ort, über beliebige Distanzen, zu jeder Zeit erreichbar zu sein, asynchron ohne Informationsverlust zu arbeiten, das alles sind Möglichkeiten, die Telekooperation bieten soll. Die betriebliche Realität hinkt diesem Stand der Technik jedoch weit hinterher: Nach wie vor sind viele Mitarbeiter über E-Mail nicht erreichbar; effiziente Videokonferenzsysteme und Groupware sind vorhanden, werden aber nicht genutzt. Es scheint vielmehr, als ob sich die Schere zwischen Potentialen und Machbarkeit einerseits und kommerzieller Nutzung andererseits weiter öffnet. Zu den wichtigsten Ursachen dafür zählen das Fehlen inner- wie auch überbetrieblicher Organisationskonzepte und insbesondere die Berücksichtigung der Bedürfnisse der Benutzer.

Mit Unterstützung des Projektträgers Arbeit und Technik beim Bundesministerium für Bildung, Wissenschaft, Forschung und Technologie (BMB+F) konnten die Defizite in der Umsetzung zum Gegenstand des Forschungsvorhabens „Unterstützung von Entwicklungskooperationen im Rahmen des Simultaneous Engineering durch moderne Telekommunikationsmittel" (CONTACT) gemacht werden. Dieses Projekt wurde mit Mitarbeitern der BMW AG, der Wilhelm Karmann GmbH und der Peguform GmbH durchgeführt. Weitere Erfahrungen wurden im Projekt „Telekooperation in der Entwicklung Fahrwerk" (TELEF) gesammelt, an dem die BMW AG, die Benteler AG und die Deutsche Telekom AG beteiligt waren. Beide Projekte wurden von den Mitarbeitern des Instituts für Arbeitswissenschaft und des Werkzeugmaschinenlabors der RWTH Aachen wissenschaftlich begleitet.

Das vorliegende Buch faßt alle hierbei gewonnenen Erkenntnisse und Erfahrungen mit der Einführung von Telekooperation zusammen. Am Beispiel von Entwicklungsprozessen aus der Automobilindustrie werden vor allem dem betrieblichen Praktiker Hilfestellungen für das Gestalten telekooperativer Prozesse gegeben.

Dabei ist das Buch ein Leitfaden in mehrfacher Hinsicht: Es werden die Grundlagen dargestellt, wie Telekooperation funktioniert, welches die Potentiale von Telekooperation sind aber auch Gründe für das Scheitern von Telekooperation. Diese Beschreibung mündet in einem Modell von Einflußfaktoren, einem Einführungsmodell und einem Wirtschaftlichkeitsmodell. Telekooperation wird dabei aus unterschiedlichen Perspektiven betrachtet: der Mitarbeitersicht und der Unternehmenssicht. Praxisbeispiele geben zum Schluß die Einführungserfahrungen wieder.

Ziel bei der Erstellung des Buches war es, über Telekooperation nicht nur zu schreiben, sondern Telekooperation auch zu zeigen. Auf der beiliegenden CD-ROM führt ein Sprecher durch ein virtuelles Seminargebäude, in dem Grundlagen, Modelle sowie die Einsatzmöglichkeiten von Telekooperation mittels Grafiken, Tondokumenten und Videos demonstriert werden. Wir empfehlen, sich zunächst durch die CD-ROM in die Telekooperation einführen zu lassen und dann zum Buch zu greifen.

In dem Forschungsverbund und bei der Erstellung des Buches und der CD haben eine große Anzahl von Personen mitgewirkt, denen wir an dieser Stelle herzlich danken möchten:

Unser besonderer Dank gilt zunächst dem BMB+F sowie Constantin Skarpelis und Dr. Gerhard Ernst vom Projektträger "Arbeit und Technik" für die tatkräftige Unterstützung des Vorhabens CONTACT.

Herzlich möchten wir auch den vielen Konstrukteuren, Berechnungsingenieuren, Produktionsmitarbeitern etc. danken, die die Einführung von Telekooperation stets mit großem Engagement gefördert haben und dabei viel Toleranz für die entstehenden Probleme zeigten. Sie haben wesentlich zum Gelingen des Projekts beigetragen. Stellvertretend für sie möchten wir an dieser Stelle Rudolf Lechelmayr und Bernd Binkowski von der BMW AG, Dr. Armin Vornberger von der Wilhelm Karmann GmbH, Dr. Wilhelm Benfer von der Peguform GmbH sowie Wolfram Linnig von der Benteler AG nennen. Unser Dank gilt ferner Günter Weick von der Deutschen Telekom AG.

Für Ihr großes Engagement bei der Erstellung dieses Buches danken wir unseren Mitarbeitern Detlev Herbst, Jörg Kampmeyer, Clemens Nöller, Christopher Schlick, Dr. Johannes Springer und Martin Walz. Dabei hat Herr Herbst wesentliche Teile einer Herausgeberarbeit übernommen, d.h. die Einzelbeiträge -in der Diktion der Automobilbranche- „zusammengefahren".

Für die Konzeption und Erstellung der CD-ROM danken wir Jens Hambach (Sprecher), Detlev Herbst (Konzept), Christa Siebes von CLS Software-Service (Programmierung) und Nicole Zimmermann (3D-Grafik und Animation). Die BMW AG stellte freundlicherweise Bild- und Tonmaterial für die CD zur Verfügung.

Unser Dank gilt weiterhin den Mitarbeitern des Springer Verlag –insbesondere Thomas Lehnert- für die Unterstützung und Verlegung dieses Buches.

Die Weiterentwicklung und Verbreitung von Telekooperation bleiben wichtige und aktuelle Aufgabenstellungen, die Industrie und Forschung gemeinsam zu bewältigen haben:

Aachen, im November 1998

Holger Luczak
Walter Eversheim

# Vorwort der Industriepartner

Die neuen Möglichkeiten der Informations- und Kommunikationstechnologien zu untersuchen und nutzen, war die Aufgabe der Pilotprojekte CONTACT und TELEF, um Kooperationen über Entfernungen in der Automobilindustrie weiterzuentwickeln. Die Aufgabenstellung der Projekte konzentrierte sich dabei auf Einführungs- und Nutzungsstrategien und nicht auf die Entwicklung technischer Lösungen.

Wir haben mit neuer Technologie im industriellen Umfeld an aktuellen Fahrzeugentwicklungen eine neue Arbeitsweise studiert. Dabei haben wir sowohl Abläufe zwischen unternehmensinternen Stellen bei der BMW AG in München und Dingolfing, als auch das Zusammenspiel zu den Zulieferpartnern Benteler AG, Paderborn; Peguform GmbH, Bötzingen und Wilhelm Karmann GmbH, Osnabrück betrachtet.

Erfahrungen wurden bei verschiedenen Fahrzeugkomponenten (Fahrwerk, Karosserie, Ausstattung), bei mehreren Fertigungstechnologien (Umformtechnik, Preßwerktechnologie, Kunstoffspritzguß) sowie in unterschiedlichen Phasen des Fahrzeugentstehungsprozesses (Konzept, Konstruktion, Fertigungsplanung, Produktion) gesammelt. Dabei stellten wir eine eigene Charakteristik der Einführungsprozedur von Telekooperation fest:

- die Komplexität und Abhängigkeit der einzelnen Komponenten bedingt einem Planungszeitraum von einem halben bis einem Jahr;
- eine wesentliche Voraussetzung für den Erfolg von Telekooperation ist, eine „kritische Masse“ an Anwendern zu gewinnen;
- erst durch persönliche Betroffenheit und eigene Zustimmung zur Telekooperation kann für das

Unternehmen, für das Projekt sowie für jeden persönlich das ganze Potential erschlossen werden. Leidensdruck durch Projektzwang und große Entfernungen führen stärker zum produktiven Einsatz als Demonstrationen und sonstige Motivationsveranstaltungen;
- um das Thema Telekooperation zur Wirkung zu bringen, ist über eine Phase der Stagnation hinwegzukommen. Nach einem gewissen Zeitraum stellt sich ein „Deichbruch-Effekt“ in einzelnen Anwendungen und Fachbereichen ein, d.h. die Nachfrage steigt schlagartig und muß dann auch befriedigt werden können.

Bei der Integration der „neuen Form der Zusammenarbeit“ in die industriellen Arbeitsabläufe lernten wir natürlich auch wesentliche Hemmnisse kennen:

- der technokratische Ansatz: der Glaube, daß die bloße Bereitstellung von Technik ausreicht,
- ungenügender Einfluß auf die Gestaltung der Arbeitsprozesse,
- Unterschätzung von Teamaspekten und deren Einfluß auf den Willen zur Kommunikation,
- falsche Kosten-/Nutzenargumentation (z.B: nur über Reisekosteneinsparung) und
- Vernachlässigung von Betriebs- und Betreuungsaufwänden.

Auf Basis dieser Erkenntnisse entwickelten wir zusammen mit den Instituten IAW und WZL der RWTH-Aachen eine wirkungsvolle Methode zur Einführung von Telekooperation. Die Schlüsselerkenntnis dabei ist für uns die Bedeutung des Zusammenspiels von Menschen, Prozeß und Technik in Veränderungsprozessen. Bei richtiger Einführung von Telekooperation steigt die Qualität der Kooperation nachhaltig, indem beispielsweise

- ein aktueller Informationsstand der Kooperationspartner leicht herstellbar ist,
- räumlich verteiltes Expertenwissen transparent integriert werden kann,
- Personen direkt miteinander sprechen, die sonst nicht zusammenkommen und so
- schneller Lösungen entstehen.

Die beteiligten Projektpartner haben heute Telekooperation im breiten Einsatz. Durch aktive Information an weitere Partner sorgen alle Firmen dafür, daß in neuen Projekten Begeisterung für die „neue Form der Zusammenarbeit“ entsteht. Wir sind davon überzeugt, daß sich anspruchsvolle Entwicklungsziele im heutigen Zeitraster nicht mehr ohne Telekooperation erreichen lassen.

Das vorliegende Buch mit der interaktiven CD-ROM faßt die Ergebnisse und Erfahrungen von ca. 100 Mitarbeitern in fünf Unternehmen und zwei Instituten zusammen. Wichtig dabei sind insbesondere:

- die Analyseverfahren für Kooperations- und Kommunikationsbeziehungen,
- das Vorgehensmodell zur Einführung von Telekooperation und
- die Entwicklung einer gemeinsamen Lernwelt, die im TK-Training erprobt wurde und offen für dritte Partner ist.

Wir haben CONTACT und TELEF mit einer „virtuellen Projektorganisation“ gesteuert. Wir waren unsere eigenen Kunden, d.h. die neue Arbeitsform ist selbst erprobt worden. Dazu wurden die Reviews mit bis zu 20 Teilnehmern per Mehrpunkt-Video-Konferenz an vier bis sechs verschiedenen Orten organisiert. Nach der Auswahl der Technik wurden die Hilfsmittel zum täglichen Arbeitswerkzeug für alle Beteiligten. Einzelne Mitarbeiter wurden an wechselnden Standorten integriert und lebten somit im „virtuellen Verbund“ ihrer Firma oder ihres Instituts.

Telekooperation stützt sich auf komplexe Technik, die in einem Netzwerk räumlich verteilter Unternehmen wirken muß. Diese nicht ganz einfache Aufgabe stellt in der nächsten Zeit eine große Herausforderung an die Gerätehersteller und Serviceanbieter. Noch ist die Technik im Alltagsbetrieb nicht immer robust genug. Daher war in den Pilotprojekten ein gutes Zusammenspiel der Fachstellen aller Unternehmen erforderlich. Hier ist den engagierten Mitarbeitern ein herzliches Dankeschön zu übermitteln, da dieser Service ein wesentlicher Erfolgsfaktor ist.

Bei aller Technikeuphorie liegt der Kern der „neuen Form der Zusammenarbeit“ auf der Gestaltung einer wirkungsvollen (Tele-)Kooperation. Entsprechend dem Spruch von Bertolt Brecht *„von den neuen Antennen, die möglicherweise alte Torheiten transportieren“* sind wir überzeugt, daß der bedeutendste Erfolgsfaktor der Mensch ist und das was er daraus macht.

Wir haben CONTACT !

Osnabrück, Bötzingen, Paderborn, Bonn, München,
im November 1998

Projektleiter CONTACT
Rudolf Lechelmayr, BMW AG
Dr. Armin Vornberger, Wilhelm Karmann GmbH
Dr. Wilhelm Benfer, Peguform GmbH

Projektleiter TELEF
Bernd Binkowski, BMW AG, München
Wolfram Linnig, Benteler AG
Günter Weick, Deutsche Telekom AG

# Inhaltsverzeichnis

# 1 Einleitung

„Technology has become so sophisticated, broad, and expensive that even the largest companies can't afford it to do it all themselves" (GUSSIN 1996)

## 1.1 Problemstellung

Steigende Anzahl an Kooperationen

Auch große Konzerne wie General Motors, VW oder Daimler Benz sind nicht mehr in der Lage, unter den heutigen Marktbedingungen ein neues Fahrzeug im Alleingang zu entwickeln, zu produzieren und erfolgreich am Markt einzuführen. In der Automobilbranche kooperieren schon 88% aller Zulieferer mit Herstellern oder anderen Zulieferern. Hierbei handelt es sich zum überwiegenden Teil um internationale Kooperationen, an denen oft mehr als zwei Partner beteiligt sind (SCHMOECKEL 1995). Diese Entwicklung gilt nicht nur für die Automobilbranche: Während 1994 etwa 64% der ca. 400 am schnellsten wachsenden Unternehmen in den Vereinigten Staaten Outsourcing praktizieren, sind es heute bereits 83% (LUCZAK 1997D).

Entwicklung zu System- und Modullieferanten

Mit dem Ziel, die Koordinations-, Transaktions- und Logistikkosten zu senken sowie die Entwicklungs- und Durchlaufzeit zu verkürzen, verringern die Automobilhersteller die Anzahl der System-, Komponenten- und Betriebsmittelzulieferer. Damit verlangen sie von den verbleibenden Lieferanten ein Angebot an umfangreicheren und komplexeren Systemen bzw. Modulen, mit dem Ziel, die eigene Fertigungstiefe und den Aufwand zur Bildung und Koordination eigener Kooperationsaufwände (Transaktionskosten) zu verringern (EVERSHEIM 1995A).

Neue Formen der Zusammenarbeit

Dies erfordert eine neue Qualität der Zusammenarbeit zwischen Herstellern und Zulieferern. Dabei gelten nicht mehr Marktmechanismen, die ausschließlich auf Preiswettbewerb zielen. Statt dessen kommt es auf den partnerschaftlichen Umgang und die langfristige Zusammenarbeit an. Hierzu bedarf es einer kooperationsorientierten Projektorganisation und abgestimmter Kommunikation (HEYN 1997).

Dieser Trend aus der Automobilindustrie läßt sich heute auf nahezu alle Bereiche der Wirtschaft übertragen. Produkte werden nicht mehr nur von einem Unternehmen an nur einem Standort entwickelt, sondern von verschiedenen Unternehmen und Organisationseinheiten, die über die gesamte Welt verteilt sein können (Bild 1.1.).

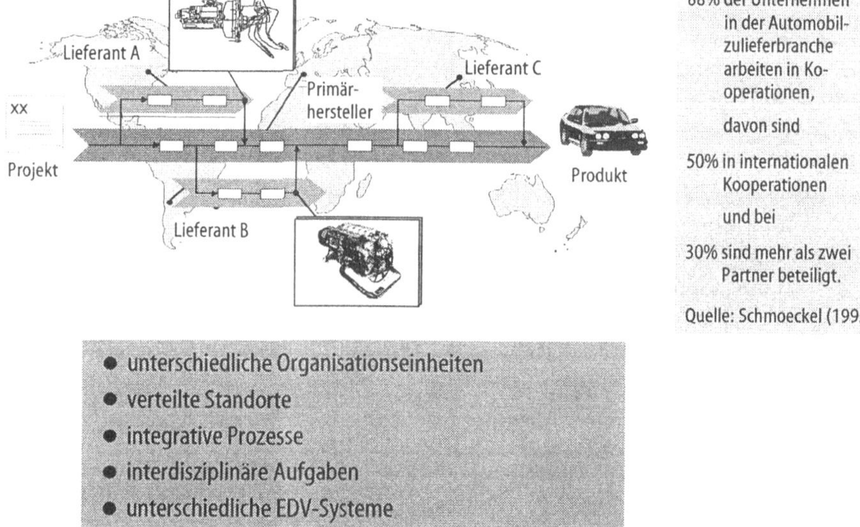


**Bild 1.1.** Randbedingungen der Produktentwicklung

Erhöhung des Informations- und Kommunikationsbedarfs

Um die veränderten Entwicklungsprozesse effizient und effektiv durchführen zu können, bemühen sich die Kooperationspartner kontinuierlich um eine höhere organisatorische Vernetzung. Egal, ob man sie „Tandem“, „Poz“ (Prozeßoptimierung Zulieferteile) oder „Picos“ (Purchased Input Concept Optimization with Suppliers) nennt, alle deutschen Automobilhersteller haben Zuliefererprogramme eingeführt, die die Zusammenarbeit bspw. in Form von Informationsaustausch, Just-in-time-Konzepten oder Entwicklungskooperationen verbessern sollen. Insbesondere der Informations- und Kommunikationsbedarf wird dabei erheblich erhöht (LUCZAK 1997D).

Dies wird an dem folgenden Praxisbeispiel einer verteilten Produktentwicklung in der Automobilindustrie deutlich(Bild 1.2.):

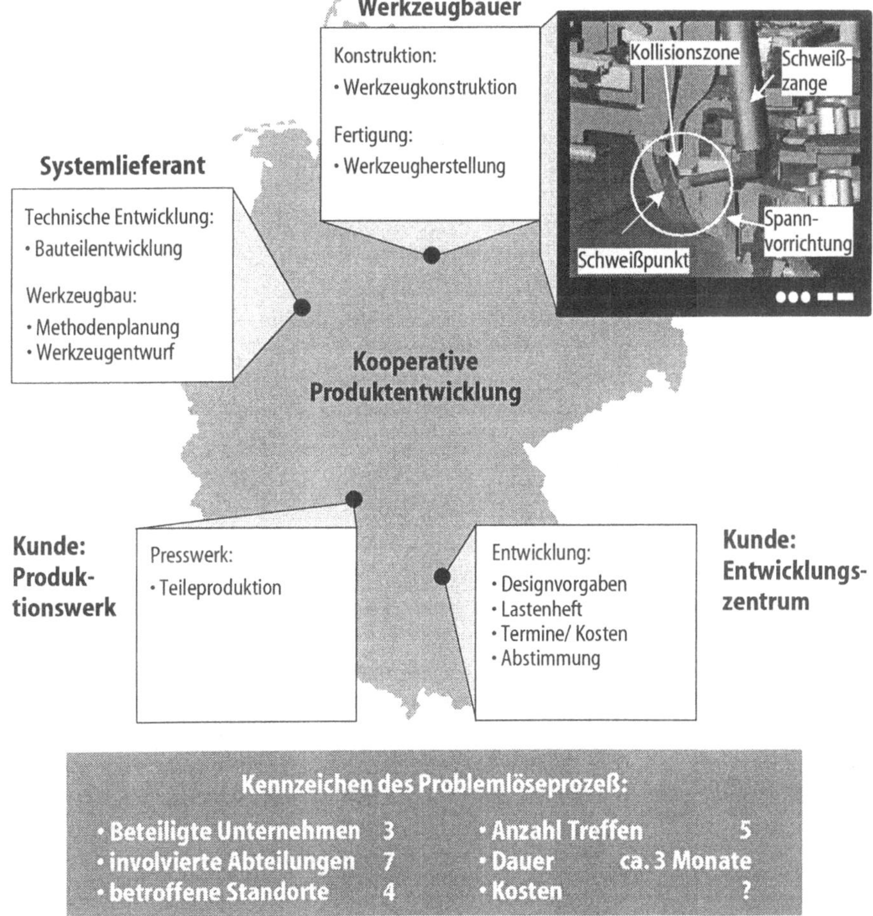


**Bild 1.2.** Praxisbeispiel für komplexes Abstimmungsproblem (AWK 1996A)

Beispiel für komplexes Abstimmungsproblem

Im Rahmen einer Entwicklungskooperation stellt der Planer im Vorrichtungsbau des Systemlieferanten mittels einer Simulationssoftware fest, daß ein Schweißpunkt bei einem Blechteil mit der vorhandenen Schweißzange nicht gefertigt werden kann. Die Schweißzange kollidiert während der Schließbewegung mit der Spanntechnik. In einem Fax informiert er seinen Kollegen aus der Entwicklung, der das Bauteil konstruiert hat, über das Problem. Da die Ursache des Problems dem Fax nicht zu entnehmen ist und auch durch eine telefonische Rückfrage nicht endgültig geklärt werden kann, vereinbaren sie einen gemeinsamen Termin im Vorrichtungsbau, um das Problem am Simulationsprogramm zu besprechen.

Bei dieser Besprechung stellt sich heraus, daß die Beibehaltung der Bauteilgeometrie die Einrichtung einer zusätzlichen Schweißstation mit eigenem Roboter bzw. manuellem Schweißarbeitsplatz im Rohbau bedeuten würde. Dieser Lösung stimmt der Fahrzeughersteller jedoch nicht zu, da sie beträchtlichen Mehraufwand in finanzieller und konstruktiver Hinsicht und eine unzulässige Verlängerung der Taktzeit zur Folge hätte. Der Bauteilentwickler sperrt deswegen das Bauteil und informiert den Modulverantwortlichen des Fahrzeugherstellers sowie die eigene Werkzeugkonstruktion per Fax hiervon.

Der zuständige Werkzeugkonstrukteur wendet sich telefonisch an das mit der Herstellung des Werkzeuges beauftragte externe Werkzeugbauunternehmen, um die weitere Bearbeitung des Werkzeuges zu stoppen und den aktuellen Bearbeitungsstand zu erfragen. Da der Bearbeitungszustand nicht eindeutig am Telefon geklärt werden kann, fährt der Werkzeugkonstrukteur zum Werkzeugbauunternehmen, um das Werkzeug selbst in Augenschein zu nehmen.

Daraufhin müssen sich einerseits der verantwortliche Bauteilentwickler und der Werkzeugkonstrukteur des Systemlieferanten und andererseits der verantwortliche Modulleiter des Kunden sowie ein Vertreter des Werkzeugbauers auf eine Lösung verständigen.

Ein erster vom Bauteilentwickler ausgearbeiteter Lösungsvorschlag sieht wie folgt aus: Um die Schweißbarkeit zu ermöglichen, werden leichte Form- und Beschnittänderungen an der Bauteilanbindung zum Seitenrahmen der Karosserie vorgesehen. Gleichzeitig soll eine Schutzgasschweißung durch einzelne Schweißpunkte ersetzt werden. Dieser Lösungsvorschlag wird zur Überprüfung als CAD-Datei an den Vorrichtungsbau geschickt. Die Überprüfung durch den Vorrichtungsbau ergibt jedoch, daß sich das geänderte Bauteil in der bereits vorhandenen Spannvorrichtung für den Seitenrahmen nicht mehr sicher fixieren läßt. Daraufhin wird ein Treffen aller Beteiligten vereinbart, bei dem neue Lösungskonzepte entwickelt werden, von denen schließlich eins ausgewählt wird.

Der Bauteilkonstrukteur setzt diese Lösung zunächst konstruktiv um und schickt anschließend das CAD-File zur erneuten Prüfung zum Vorrichtungsbau. Die Schweißangaben müssen daraufhin ein weiteres Mal überarbeitet werden. Schließlich wird nach einigen weiteren Korrekturarbeiten ein Stand erreicht, der sowohl werkzeugtechnisch herstell- als auch schweißbar ist.

Dieser hier sehr vereinfacht wiedergegebene Problemlöseprozeß dauerte mehrere Monate und war mit zahlreichen Dienstreisen verbunden. In diesem Zeitraum wurden u. a. sieben neue Modellstände des Bauteils erzeugt, aus denen schließlich eine Variante ausgewählt wurde.

Aufwände für vermeidbare Änderungsprozesse

Viele solcher Änderungsprozesse werden durch vorherige mangelhafte Kommunikation ausgelöst. Studien belegen, daß allein die Aufwände für vermeidbare Änderungen ca. 33% der Gesamtaufwände einer Fahrzeugentwicklung ausmachen (BULLINGER 1993). Zudem bestehen die Änderungsprozesse selbst bis zu 80% aus Kommunikationstätigkeiten. Damit wird deutlich, welches Potential die Verbesserung der Kommunikation in verteilten Produktentwicklungsprozessen hat.

## 1.2 Anforderungen an Informations- und Kommunikationsprozesse

Aus dem o. g. Beispiel lassen sich Anforderungen an die unternehmensübergreifenden Informations- und Kommunikationsprozesse ableiten (Bild 1.3.).

Ungehinderte Kommunikation

Ungehinderte Kommunikation ist eine wesentliche Voraussetzung für Kooperation und verteilte Teamarbeit. In der Praxis ist es für die an einer Problemlösung beteiligten Mitarbeiter jedoch häufig schwierig, sich zu treffen. Je mehr Teilnehmer ein Treffen erfordert, desto später erfolgt es. Zum einen wird die Terminfindung durch schlechte Erreichbarkeit der Mitarbeiter erschwert, und zum anderen sind Abstimmungstreffen in der Regel mit zeitaufwendigen Dienstreisen verbunden, für die Zeit eingeplant werden muß.

Damit Teammitglieder schnell und unkompliziert kommunizieren können, muß es möglich sein, von wechselnden Einsatzorten aus persönliche Nachrichten - teilweise auch mit komplexen Sachverhalten - empfangen und versenden zu können.

Darüber hinaus erfordert eine Vielzahl von Problemen extrem kurze Reaktionszeiten. Dies erfordert die Unterstützung auch ungeplanter Kommunikation durch synchrone Kommunikationssysteme zwischen mehreren Standorten. Diese müssen Werkzeuge zur Verfügung stellen, mittels derer gemeinsam an der Problemlösung gearbeitet werden kann (LUCZAK et al. 1997B, SPRINGER et al. 1996).

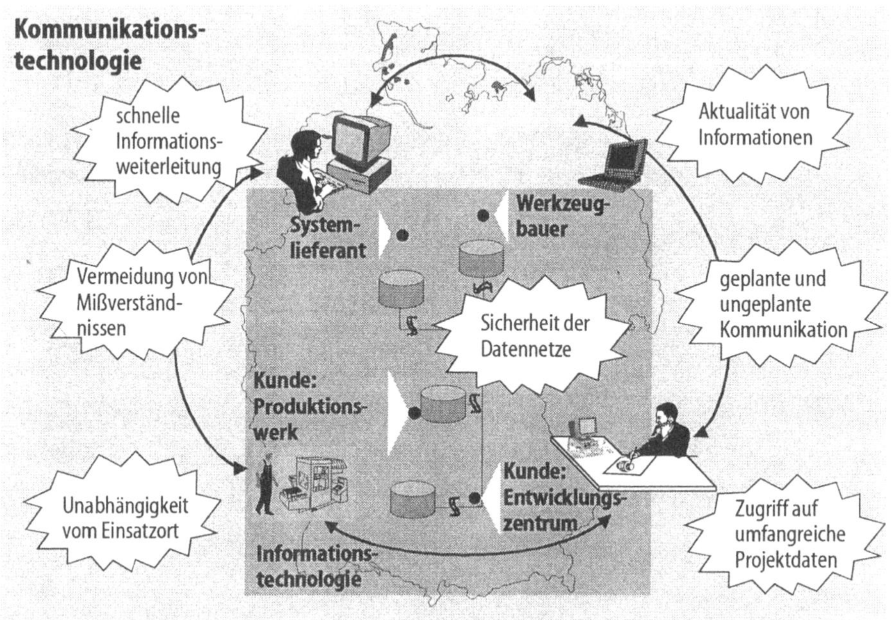


**Bild 1.3.** Existierende Probleme und Anforderungen an Informations- und Kommunikationssysteme (EVERSHEIM 1996A)

Systemlieferanten, die bereits in der Konzeptphase eingebunden sind, entsenden vielfach Mitarbeiter, die dauerhaft beim Kunden vor Ort arbeiten. Damit die

Effizienz der Entwicklung bei wechselnden Arbeitsplätzen nicht leidet, besteht die Forderung, jederzeit und vor allem unabhängig vom jeweiligen Einsatzort Zugriff auf Projektinformationen zu haben.

Informationsmanagement

Neben der Forderung nach guten Kommunikationsmöglichkeiten bestehen auch Anforderungen an das Informationsmanagement. Ein Problem ist das Arbeiten mit veralteten Informationen. Dadurch kann es zu Änderungen kommen, die vermeidbar sind, wenn die Aktualität der verwendeten Informationen auch über Unternehmensgrenzen hinweg sichergestellt ist.

Des weiteren muß der Zugriff auf umfangreiche Projektdaten für Mitarbeiter mittels leistungsfähiger Navigations-, Zugangs- und Suchmechanismen schnell und unkompliziert möglich sein.

Weil meist mehrere Personen zusammen an einer Aufgabe arbeiten, muß Transparenz über den jeweiligen Bearbeitungsstatus einer Aufgabe herrschen.

Die heute üblicherweise verwendeten Kommunikations- und Informationsmittel, wie bspw. Telefon, Fax, DFÜ (Datenfernübertragung) oder persönliches Gespräch, können den zuvor geschilderten Anforderungen nicht gerecht werden. Hier bieten fortschrittliche Telekooperationstechnologien erhebliche Verbesserungspotentiale (EVERSHEIM 1996A, Luczak 1997).

## 1.3 Einsatzmöglichkeiten und Potentiale von Telekooperation

Eine Analyse von Beispielprozessen aus der Stoßfänger-, Karosserie- und Fahrwerksentwicklung ergab zahlreiche Ansatzpunkte für den sinnvollen Einsatz von Telekooperationssystemen, wie Bild 1.4 darstellt (LUCZAK 1997D, EVERSHEIM 1996A).

Regelmäßige CA - Konferenzen

Bspw. ermöglichen sog. CA-(Computer Aided) Konferenzsysteme in der Phase der gemeinsamen Konzepterstellung den schnellen und flexiblen Zugriff auf dezentrales Fachwissen, indem Experten des Zulieferers bei Bedarf direkt hinzugezogen werden können. Allgemein können durch CA-Konferenzsysteme mehrere Personen unabhängig von ihrem Aufenthaltsort an einer gemeinsamen Bildschirmdarstellung des betreffenden CA-Modells arbeiten. Dabei sind entsprechende

Zeige- bzw. Markierungsmöglichkeiten für jeden Teilnehmer vorhanden (CONTACT 1996).

Während der sich anschließenden Bauteilkonstruktion können die beteiligten Konstrukteure von Zulieferer und Automobilhersteller, trotz großer zu überbrückender Entfernungen, die CAD-Konstruktionen regelmäßig abstimmen und Detailfragen klären. Hierbei kann oftmals aufgrund der synchronen Kommunikationsmöglichkeiten auf die umständliche und teure Konvertierung von CAD-Modellen verzichtet werden.

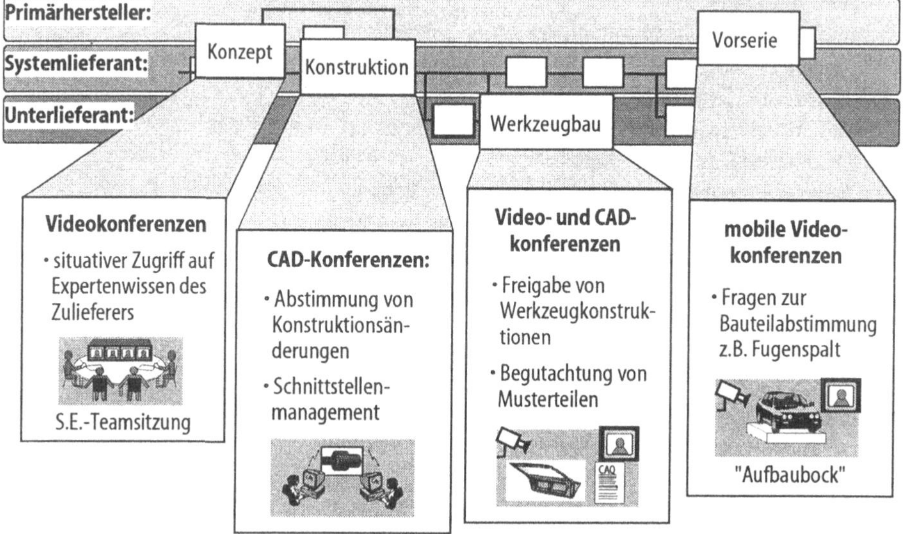


**Bild 1.4.** Beispiele für Einsatzmöglichkeiten von Telekooperationssystemen (EVERSHEIM 1996A)

Gleiches gilt auch für den Werkzeugbau. Allerdings müssen dann die Werkzeugkonstruktionen bereits als CAD-Daten erstellt werden. Dies erfolgt heute im allgemeinen nur bei sehr komplexen Bauteilen. Es ist allerdings erkennbar, daß in Zukunft alle produkt- und prozeßrelevanten Informationen durchgängig in digitaler Form vorliegen werden.

Schnellere Problemlösung durch gemeinsame Telekonferenzen

Damit ist folgendes Szenario auf Grundlage des zuvor beschriebenen Beispiels realistisch (Bild 1.5.): Anstelle des zuvor sequentiellen Abstimmungsprozesses zwischen den beteiligten Fachbereichen des Systemlieferanten, dem Kunden und dem Werkzeugbauer erfolgt gemeinsam eine Mehrpunkt-CAD-Konferenz. Der Planer im Vorrichtungsbau erläutert zunächst an einem

Simulationsprogramm für die Kollegen anschaulich das Kollisionsproblem.

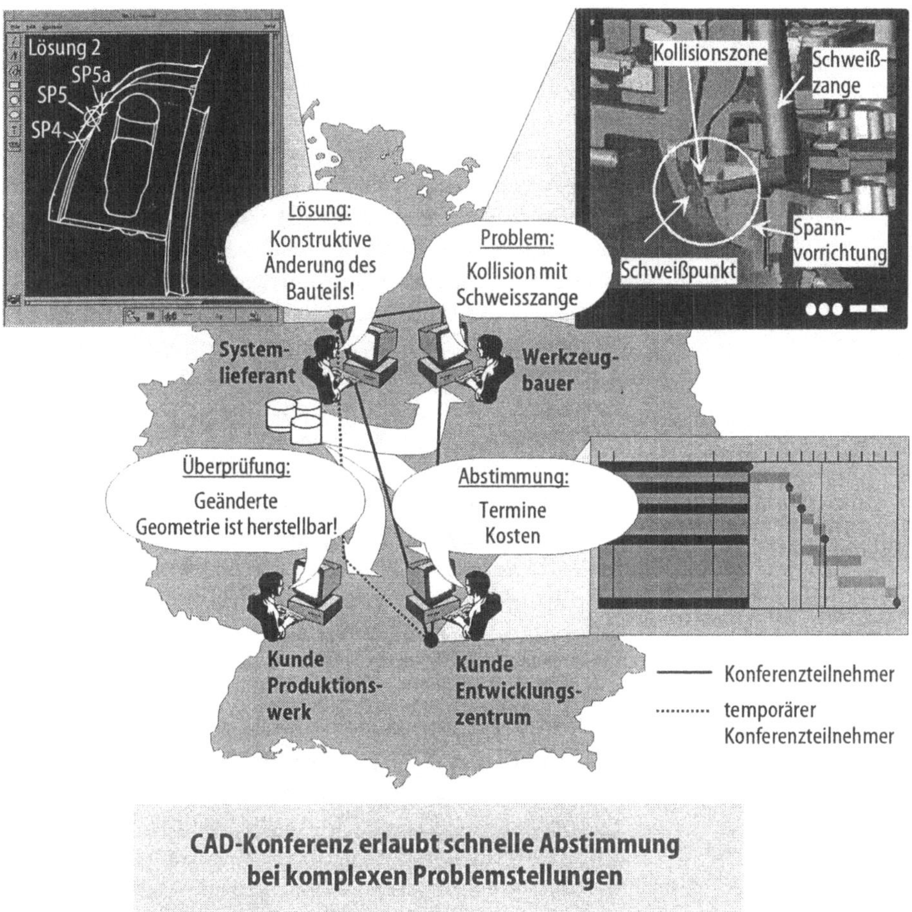


**Bild 1.5.** Problemlösung mit Telekooperation (AWK 1996A)

Der Bauteilentwickler entwickelt daraufhin mit Hilfe des CAD-Systems verschiedene Lösungsmöglichkeiten. Der Planer erkennt dabei frühzeitig, daß sich der Seitenrahmen bei diesen Lösungsvorschlägen nicht mehr mit der vorhandenen Vorrichtung spannen läßt und schlägt daher eine zweiteilige Lösung vor. Dadurch, daß der Werkzeugkonstrukteur und der Werkzeugbauer an der Konferenz teilnehmen, kann die werkzeugtechnische Machbarkeit dieser Lösung noch in der Konferenz überprüft werden. Die verabschiedete Lösung wird zunächst als Skizze dokumentiert und anschließend an die verantwortlichen Projektleiter zur Information weitergeleitet.

In dem Szenario wird deutlich, daß durch Telekooperation komplexe Abstimmungsprozesse wesentlich vereinfacht und beschleunigt werden können.

Verringerung von Durchlaufzeiten

Die ersten durchgeführten Pilotprojekte lassen erkennen, daß Telekooperation schon heute wichtige Wettbewerbsvorteile verschafft. So ergab die Analyse von Beispielprozessen in der Fahrzeugentwicklung (siehe Kap. 4), daß dort erhebliche Potentiale bei Änderungsabsprachen in bezug auf Kosten und Zeit zu erschließen sind (SCHLICK et al. 1997). Bezogen auf Änderungsprozesse sind, abhängig von Anzahl und Verteilung der Partner, Durchlaufzeitverkürzungen bis zu 80% realistisch (CONTACT 1996).

Die Vorteile von Telekooperation liegen nicht primär in der Reduzierung der Reiseaufwände begründet. Vielmehr steigt durch Telekooperation die Qualität der Kommunikation zwischen den weiterhin stattfindenden Abstimmungsgesprächen. In Folge der verbesserten Kommunikation sinkt der Aufwand und verringert sich die Durchlaufzeit der Entwicklungsprozesse (REICHWALD 1998).

Höhere Qualität durch häufigeren Ideenaustausch

Die Ergebnisse eines Workshops mit Anwendern und Mitarbeitern des technischen Support, die alle über praktische Erfahrungen mit dem Einsatz von Telekooperationssystemen verfügen, sind in Bild 1.6. dargestellt. Demnach wird das größte Potential in einer Verbesserung der Entwicklungsprozesse gesehen. Telekooperationssysteme ermöglichen eine schnelle, unkomplizierte und falls erforderlich auch eine spontane Kommunikation über große Entfernungen. Von den Anwendern werden sie als ein Mittel angesehen, das einen häufigeren Ideenaustausch unterstützt. Dies führt unter Umständen dazu, daß mehr Alternativen angedacht und untersucht werden, als bisher. Die Qualität der Entwicklungsergebnisse wird so gesteigert.

Realisierung kontinuierlicher Arbeitsprozesse

Ein fast ebenso hohes Potential stellt die Realisierung kontinuierlicher Arbeitsprozesse dar. In der Praxis führen schon einfache Rücksprachen zu häufigen Arbeitsunterbrechungen, weil auch kleinere Probleme erst im Verlauf der nächsten (anstehenden) Dienstreise gelöst werden können.

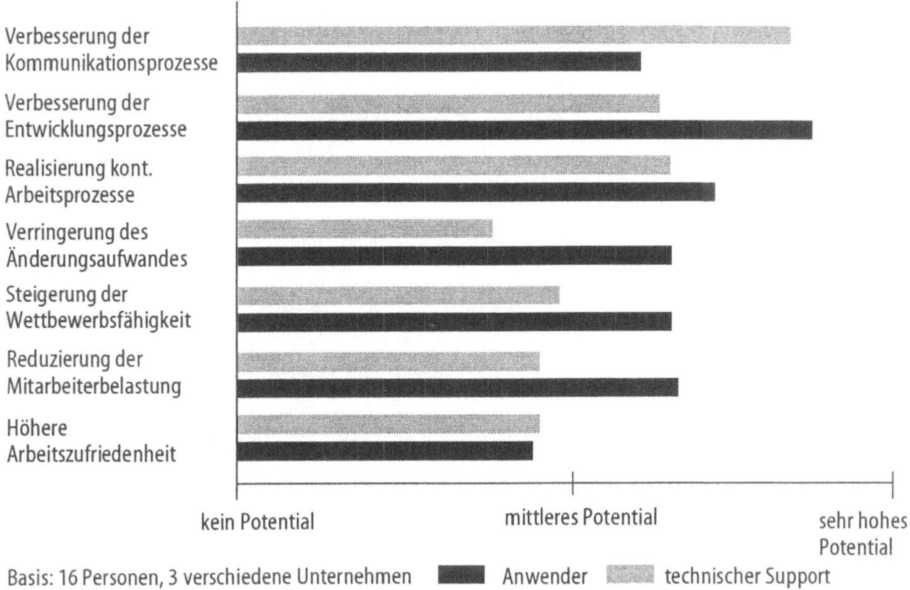


**Bild 1.6.** Bewertung der Potentiale von Telekooperation durch Anwender und technischen Support

Gerade in den frühen Phasen eines Projektes, wenn der Termindruck noch gering ist, kommt es hierdurch zu unnötigen Liegezeiten. Abhängig vom Intervall der regelmäßigen Projektgespräche betragen solche kurzen Unterbrechungen zwischen drei und fünf Arbeitstagen.

Reduzierung des Änderungsaufwands

Ein weiteres Potential stellt die Verringerung des Änderungsaufwandes dar. Bei der heute üblichen Kommunikation über Telefon und Fax kommt es zu Mißverständnissen zwischen den Kommunikationspartnern, die erst bei der nächsten planmäßigen Projektbesprechung auffallen und ausgeräumt werden können. Werden Computerkonferenzen anstatt von Telefonkonferenzen und Fax eingesetzt, läßt sich das Risiko von auftretenden Mißverständnissen deutlich vermindern.

Insbesondere das Management von Zulieferunternehmen verspricht sich von Telekooperation eine Steigerung ihrer Wettbewerbsfähigkeit. Zwar ist bereits abzusehen, daß in naher Zukunft bspw. in der Automobilbranche der Einsatz von Telekooperation für Zulieferer obligatorisch sein wird, dennoch eröffnen sich für innovative Zulieferer zunächst Wettbewerbsvorteile.

Geringere Mitarbeiterbelastung

Für den Konstrukteur bedeuten diese Unterbrechungen zum einen, daß er sich immer wieder von neuem in die Problemstellung einarbeiten muß. Zum anderen nimmt mit Häufigkeit und Dauer der Unterbrechungen zwangsläufig auch der Parallelisierungsgrad, d.h. die Anzahl der von ihm gleichzeitig zu bearbeitenden Bauteile, zu. Beides führt zu Belastungen, die durch Telekooperation deutlich reduziert werden können.

Ebenfalls eine starke Entlastung sehen die Teilnehmer im Wegfall unnötiger Dienstreisen. Die in dem Entwicklungsprozeß eingebundenen Mitarbeiter arbeiten heute unter permanentem Termindruck. Der Fertigstellungstermin für ein Teil oder eine Baugruppe wird in der Regel vom Kunden fest vorgegeben. Die durch außerplanmäßige Dienstreisen verursachten Zeitverluste können deswegen nur durch Überstunden ausgeglichen werden. Die befragten Mitarbeiter äußerten daher einstimmig, daß sie den größten eigenen Nutzen von Telekooperation in dem persönlichen „Zeitgewinn" sehen (Luczak et al. 1996).

Wirtschaftlicher Einsatz von Telekooperation

Bei dieser Potentialabschätzung muß jedoch berücksichtigt werden, daß es sich bei Telekooperationstechnologien im wesentlichen um neue technische Lösungen handelt. Der Aufwand für Installation und Betreuung der noch nicht immer ausgereiften Informations- und Kommunikationstechnologie darf deshalb nicht unterschätzt werden. Dies drückt sich u. a. auch darin aus, daß die Potentiale von Telekooperation vom technischen Support geringer eingeschätzt werden, als von den Anwendern (Bild 1.6.).

Doch auch unter Beachtung dieser zur Zeit noch existierenden Einschränkungen können Telekooperationssysteme bereits heute wirtschaftlich eingesetzt werden (LUCZAK 1997, SCHLICK et. al 1997; EVERSHEIM 1996B; siehe auch Kap. 3.3.2).

# 2 Grundlagen der Telekooperation

Telekooperation ist ein technisch-organisatorischer Ansatz zur Unterstützung kooperativer, verteilter Prozesse. Zu seinem Verständnis ist sowohl die Betrachtung von telekooperativen Organisationskonzepten, der erforderlichen technischen Infrastrukturen als auch der Grundlagen menschlicher Kommunikation und potentieller Auswirkungen hierauf notwendig.

## 2.1 Begriffsklärung

### 2.1.1 Kommunikation

Informationsaustausch zwischen Menschen

Das Wort Kommunikation entstammt dem lateinischen communicatio und heißt übersetzt „Gemeinschaft/ Verbindung" oder „Mitteilung". Kommunikation ist somit etwas die Menschen untereinander Verbindendes. Diese Verbindung kommt durch Informationsaustausch zustande. Informationen und Kommunikation sind somit in den meisten Fällen einander wechselseitig bedingend, denn Information wird erst durch Kommunikation zur Realität. Damit kann Kommunikation als

> „ein Prozeß des Austauschs von Information zwischen Kommunikationspartnern zum Zwecke der Verständigung"

definiert werden. Die Kommunikationsform beschreibt

> „das Darstellungsmittel, mit dessen Hilfe Information ausgedrückt wird, bspw. verbal oder non-verbal."

Als Kommunikationsmittel wird allgemein

> „das Medium zur Überwindung einer räumlichen und/ oder zeitlichen Distanz"

bezeichnet (KLINGENBERGER und KRÄNZLE 1983).

Kommunikationsmittel

Ein Kommunikationsmittel bedient sich zur Erfüllung seiner Aufgabe eines Dienstes und/oder eines Endgeräts sowie eines Netzwerkes. Unter Netzwerk ist hier allgemein das Medium zur Verbindung zweier Kommunikationspartner zu verstehen. Endgeräte wie das Telefon oder der Computer, vereinen in sich eine Anzahl verschiedener Funktionskomponenten, die eine oder mehrere Formen zwischenmenschlicher Kommunikation unterstützen.

### 2.1.2 Kooperation und Telekooperation

Anwendungsfelder von Telekooperation

Unter den Schlagwörtern TeleWorking, TeleMedizin, TelePublishing und TeleLearning wird Telekooperation zur Zeit in vielen Bereichen, sowohl in der öffentlichen Verwaltung als auch in der Industrie, erprobt und angewandt. Entsprechend den verschiedenen Anwendungsfeldern für Telekooperation existiert eine große Anzahl unterschiedlicher Vorstellungen, was dieser Begriff alles umfaßt. Die existierenden Definitionen von Telekooperation beinhalten im wesentlichen folgende Aspekte (Sommer 1996, Bullinger 1995, Baldi 1995, Krcmar 1995, Reichwald 1994, Kreilkamp 1994):

- die räumliche Trennung der Kommunikationspartner,
- die Nutzung von Informations- und Kommunikations(IuK)technologien,
- die Form der Zusammenarbeit und
- die Art der Kooperationspartner.

Räumliche Trennung und Nutzung von IuK-Technologien

Die räumliche Trennung der Kommunikationspartner ist fundamentaler Bestandteil aller Definitionen der Telekooperation, da die räumliche Trennung der primäre Grund für „Tele"-Kooperation ist. Der zweite Aspekt betrifft den Einsatz von EDV-Systemen zur Überbrückung von großen Entfernungen. Dabei sind sowohl synchrone Kommunikationsmittel, wie Video- und Computerkonferenzen, als auch asynchrone Systeme zum Informationsmanagement, wie bspw. Email, Workflowsysteme und gemeinsam genutzte Datenbanken, gemeint (siehe Kap. 2.3.1).

Form der Zusammenarbeit

Ein weiterer Aspekt ist die Form der Zusammenarbeit. Der Begriff Telekooperation beinhaltet bereits das Wort „Kooperation". Im Gegensatz zu den verwandten Begriffen „Koordination" und „Kollaboration" zeichnet sich Kooperation dadurch aus, daß die Beteiligten an einem gemeinsamen Ergebnis arbeiten. Dabei werden individuelle Ziele dem Gruppenziel untergeordnet. Entscheidungen werden gemeinsam getroffen, und die Leistung der Gruppe wird insgesamt bewertet (MAAß 1990). Das Verhältnis von Kommunikation und Kooperation läßt sich wie folgt definieren:

> „Kommunikation ohne Kooperation ist sehr wohl möglich, Umgekehrtes gilt jedoch nicht." (PIEPENBURG 1991)

Telekooperation bestimmt dafür eine spezifische Form der Organisation (kooperative Leistungserstellung), die ohne den Einsatz technischer Kommunikationsmittel nicht möglich wäre.

Art der Kooperationspartner

Der letzte Aspekt bezieht sich auf die jeweiligen Kooperationspartner. Hierbei kann es sich sowohl um unternehmensinterne Organisationseinheiten handeln, die standortübergreifend zusammenarbeiten als auch um eigenständige Unternehmen bspw. im Rahmen einer Hersteller-Zulieferer Kooperation.

Einige Definitionen von Telekooperation schließen auch „Telearbeit" ein (REICHWALD et al. 1998, PICOT et al. 1996). Bei Telearbeit können durch den Einsatz von modernen Telekommunikationsmitteln einzelne Mitarbeiter ihren Arbeitsplatz zeitweilig auch außerhalb des Unternehmens einnehmen. Die dabei auftretenden Probleme wie Sozialeinbindung, Entlohnung, Mitarbeiterführung etc. unterscheiden sich jedoch teilweise stark von den Problemen der Telekooperation.

Definition von Telekooperation und Telearbeit

Diese liegen neben der erfolgreichen Einführung von modernen Informations- und Kommunikationssystemen vornehmlich in der organisatorischen Einbindung von Telekooperation in Aufbau- und Ablauforganisation der beteiligten Unternehmen. Eine Vermischung dieser unterschiedlichen Problemfelder ist nicht sinnvoll, weshalb Telekooperation wie folgt definiert werden soll:

> „Telekooperation ist die mit Hilfe moderner Informations- und Kommunikationstechnologien unterstützte Kooperation zwischen räumlich verteilten Organisationen sowie Organisationseinheiten."

In Abgrenzung dazu wird unter Telearbeit

> „die zeitweilige Verlagerung von Arbeitsplätzen außerhalb der Grenzen des Unternehmens"

verstanden (zu Telearbeit siehe REICHWALD 1998).

## 2.2 Organisationsstrukturen verteilter Entwicklung

Effizienzsteigerung in Entwicklungsprojekten durch Simultaneous Engineering und Kooperative Wertschöpfung

Telekooperation dient zur Unterstützung kooperativ und verteilt durchgeführter Entwicklungsprojekte. In derartigen Projekten werden heute in der Regel zwei wichtige organisatorische Ansätze zur Effizienzsteigerung verfolgt, die durch den Einsatz von Telekooperationssystemen unterstützt werden.

Ein Ansatz zur Effizienzsteigerung ist Simultaneous Engineering (SE), d.h. die konsequente Prozeßorientierung in der Produktentstehung. Sie ermöglicht die zeitparallele Abwicklung der Produkt- und Prozeßgestaltung und somit abgestimmte Entscheidungen in den frühen Phasen der Produktentstehung. Damit können späte Änderungen, verbunden mit hohen Kosten, vermieden werden (EVERSHEIM 1995B).

Der zweite wichtige Ansatz basiert auf dem Grundsatz kooperativer Wertschöpfung. Dabei steht die zielstrebige Ausrichtung der Wertschöpfungskette auf die vom Kunden honorierte Leistungserstellung im Vordergrund. Dies bedeutet für Unternehmen auch die Konzentration auf die eigenen Stärken bei gleichzeitiger Bündelung von Kräften in Kooperationen mit anderen Unternehmen.

### 2.2.1 Simultaneous Engineering

Wechsel im Begriffsverständnis

In der Vergangenheit wurde unter dem Begriff Simultaneous Engineering branchenunabhängig die integrierte und zeitlich parallele Produkt- und Prozeßgestaltung verstanden (EVERSHEIM 1993). Der Schwerpunkt lag darin, die Produktentwicklung frühzeitig mit der Produktionsmittelplanung abzustimmen. Heute wird der Begriff Simultaneous Engineering weiter gefaßt, indem die gesamte Produktentstehung von der Produktidee bis zum Markteintritt betrachtet wird (EVERSHEIM 1995B). Ein Grundgedanke der prozeßorientierten Produktentstehung ist dabei die frühzeitige Weitergabe von Informationen sowie die weitgehende Parallelisierung von Prozeßketten. Der Telekooperation kommt in diesem Zusammenhang eine besondere Bedeutung zu, da durch sie die geforderte intensive Abstimmung wesentlich erleichtert bzw. in Teilbereichen erst ermöglicht wird.

#### 2.2.1.1 *Lösungsansätze des Simultaneous Engineering*

Vertikale und horizontale Aufgabenintegration

Ein im Rahmen von SE häufig verfolgter Lösungsansatz ist die Optimierung der organisatorischen Schnittstellen im Unternehmen durch eine vertikale und horizontale Aufgabenintegration (EVERSHEIM und SCHUH 1996). Unter der horizontalen Aufgabenintegration wird die Zusammenführung bzw. Abstimmung von Aufgaben entlang der Prozeßketten der Produktentstehung bereits zu einem sehr frühen Zeitpunkt im Projekt verstanden. Bspw. kann im Werkzeugbau die Methodenplanung bereits auf der Basis erster Entwürfe mit der Planung einzelner Umformstufen bzw. Bearbeitungsoperationen beginnen.

Dagegen bezeichnet die vertikale Aufgabenintegration die Bereitstellung von Anwendererfahrungen aus den direkten Unternehmensbereichen in den indirekten Unternehmensbereichen, bspw. durch Einbeziehen von Meistern oder Facharbeitern aus dem Werkzeugbau in die Bauteil- bzw. Werkzeugkonstruktion.

Optimierung von Produktschnittstellen

Ein anderer wichtiger Lösungsansatz ist die Optimierung von Produktschnittstellen (EVERSHEIM und SCHUH 1996). Produktschnittstellen dienen dazu, die Arbeitsumfänge von Konstrukteuren abzugrenzen, die gleichzeitig an einem Produkt arbeiten. In der Vergangenheit wurden Produktschnittstellen häufig so gestaltet, daß in eine Mechanik-, Elektrik- und Hydraulikkonstruktion unterschieden wurde. Immer komplexer werdende Produkte haben dazu geführt, daß Produktschnittstellen heute unter funktionalen oder räumlichen Gesichtspunkten in Form von Systemen oder Modulen festgelegt werden.

Systembildung

Systeme sind funktional integrierte Einheiten, deren Einzelelemente untereinander in Beziehung stehen und die in ihrer Gesamtheit eine oder mehrere Funktionen voll erfüllen. Die Elemente eines Systems müssen nicht notwendigerweise räumlich zusammenhängen. Systeme stellen in sich geschlossene Entwicklungsumfänge dar und erleichtern so die Parallelisierung von Entwicklungsaufgaben. Beispiele für Systeme in der Automobilentwicklung sind Licht-, Klima-, Brems-, Kommunikations- und Navigationssysteme (EVERSHEIM 1996C).

Modulbildung

Dagegen sind Module nach räumlichen Gesichtspunkten strukturierte Baueinheiten, bei denen funktionale Zusammenhänge in den Hintergrund treten.

Durch den Bezug einbaufertiger Module kann der Hersteller sein Investitionsvolumen für Produktionsmittel senken und einen Teil des Marktrisikos mit dem Zulieferer teilen. Die interne Komplexität, bspw. in Einkauf, Disposition und Produktionssteuerung läßt sich erheblich verringern. Hierdurch sinken insbesondere die Logistik- und Produktionskosten. Beispiele für Module im Automobilbereich sind Frontend, Tür, Schiebedach und Armaturentafel (EVERSHEIM 1996C).

#### 2.2.1.2 Strukturierung von SE-Projekten

Auf Basis der getroffenen Schnittstellendefinitionen in Systeme und Module lassen sich SE-Projekte in Hinblick auf die Projektdurchführung leichter strukturieren. Dabei muß ein Kompromiß zwischen der „Verkürzung der Entwicklungszeit" und der „Minimierung des Abstimmungsbedarfs" gefunden werden. Voraussetzung dafür ist eine ausreichende Transparenz über die bestehenden Strukturen und Abläufe der Produktentstehung.

Ermittlung der Abstimmungsbedarfe

Ein im Rahmen des CONTACT-Projektes entwickeltes geeignetes Hilfsmittel ist dabei der sogenannte Kommunikationsplan. Mit Hilfe dieses Plans lassen sich geplante und ungeplante Informations- und Kommunikationsbedarfe in unternehmensübergreifenden Entwicklungsprozessen ermitteln und transparent darstellen (Bild 2.1.). Im Kommunikationsplan wird der Entwicklungsprozeß als Folge von Einzelaktivitäten dargestellt. Diese Aktivitäten sind untereinander über Informationsflüsse verknüpft. Jeder einzelnen Aktivität ist eine ausführende Ressource zugeordnet. Dabei können den Aktivitäten, abgesehen von Informationsflüssen, auch sogenannte Kommunikationsbeziehungen zu anderen Ressourcen zugeordnet werden.

Hierbei handelt es sich zwar auch um Informationsflüsse, allerdings treten diese spontan, ungeplant auf, bspw. Absprachen von Änderungen. Solche Kommunikationsvorgänge lassen sich im Gegensatz zu den vorherigen Informationsflüssen nicht exakt planen. Es ist aber möglich, aufgrund der Schnittstellendefinition, der Expertise einzelner Abteilungen und der Erfahrungen aus vorangegangenen Entwicklungsprojekten eine Abschätzung in Hinblick auf die Art und Intensität dieser Kommunikationsvorgänge vorzunehmen. Diese Aussage wird u. a. von einer Untersuchung gestützt, in der eine (wenn auch eingeschränkte) Prognostizierbarkeit von Kommunikation in Entwicklungsprozessen nachgewiesen wird (MORELLI et al. 1995).

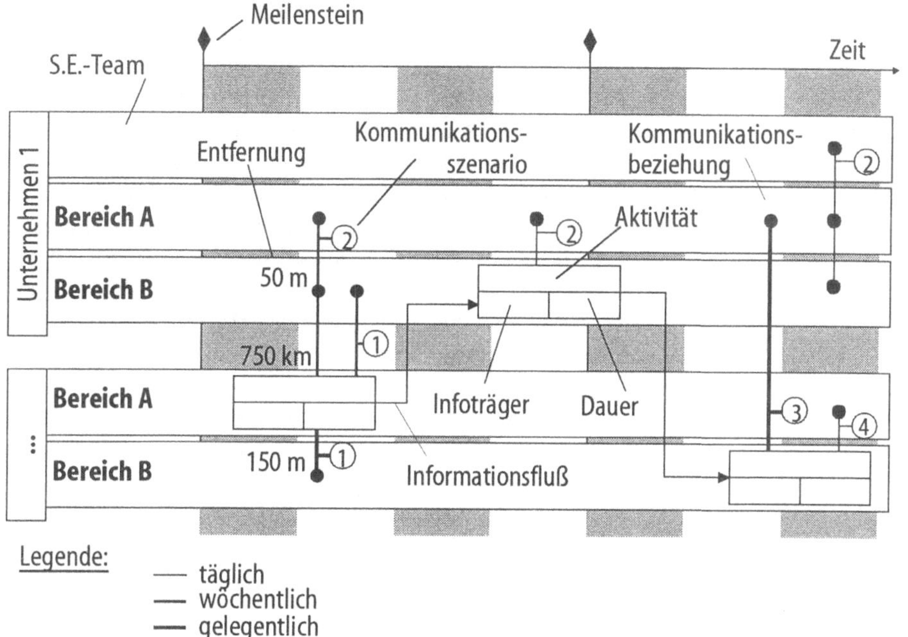


**Bild 2.1.** Kommunikationsplan

Für eine anforderungsgerechte Zuordnung von Telekooperationssystemen zur Unterstützung der ermittelten Kommunikationsbeziehungen muß in dem Kommunikationsplan außer Kommunikationspartner, Entfernung und Intensität auch die Art des jeweiligen Kommunikationsvorgangs charakterisiert werden.

Klassifikation von Kommunikationsvorgänge

Dies erfolgt am besten anhand einer Typologie von vier Kommunikationsszenarien. Die Grundlagen zu dieser Typologie, die ebenfalls im Rahmen des CONTACT-Projektes erarbeitet worden ist, sind in Kapitel 2.4.3 erläutert. Im einzelnen handelt es sich um folgende Szenarien:

- Szenario 1: Informieren,
- Szenario 2: Vorgehensweise abstimmen,
- Szenario 3: Entscheidung treffen,
- Szenario 4: Problemdefinition und Lösungsentwicklung.

Beispiele für Abstimmungsvorgänge

Typische Beispiele für Szenario 1 sind das asynchrone Übertragen von fertigen Arbeitsergebnissen (CAD-Datei per DFÜ) an nachgelagerte Stellen im Entwicklungsprozeß, eine kurze Anfrage beim Kunden über zu verwendende Normteile oder die Weitergabe eines neuen Besprechungstermins. Szenario 2 beinhaltet bspw. die Diskussion einer bereits allen bekannten Konstruktionsänderung mit dem Kunden. Die gemeinsame Diskussion und Verabschiedung einer komplexen Problemlösung wird im Szenario 3 abgebildet. Ist die Ursache für ein Problem zunächst noch unklar und müssen komplexe Lösungsalternativen entwickelt werden, wird die Situation durch Szenario 4 treffend beschrieben (HERBST und SPRINGER 1997). Bei diesem Szenario herrschen die größten Anforderungen an eine Kommunikationsunterstützung.

Einbindung vorhandener Projektpläne

Der Aufwand für die Ermittlung des Kommunikationsbedarfs läßt sich reduzieren, wenn bei der Erstellung des Kommunikationsplans auf bereits existierende Projektpläne zurückgegriffen werden kann. So werden in der Automobilbranche üblicherweise sogenannte Gateway-Pläne eingesetzt. Diese gliedern den gesamten Fahrzeugentwicklungsprozeß in verschiedene Phasen, die durch Meilensteine begrenzt werden. Meilensteine symbolisieren unterschiedliche Entwicklungsstände. Zu jedem Meilenstein müssen bestimmte Teilergebnisse erzielt werden, die geprüft und abgeglichen werden. Die in den Gateway-Plänen aufgeführten Aktivitäten und Abhängigkeiten können als Grundlage für den Kommunikationsplan dienen.

#### 2.2.1.3 Einsatz von SE-Teams

Randbedingungen

Das Gelingen eines SE-Projektes ist stark von der Gestaltung der Organisationsform abhängig. In der Praxis hat sich die Bildung von sogenannten SE-Teams bewährt. Bei dem Einsatz von SE-Teams sind eine Reihe von Randbedingungen zu beachten, wie Bild 2.2. darstellt:

- Kapazitätsverteilung der Ressourcen,
- Einbindung der Fachabteilungen,
- Kernteambildung,
- Einbindung externer Mitarbeiter,
- Teamgröße sowie
- Teamorganisation (EVERSHEIM 1995B).

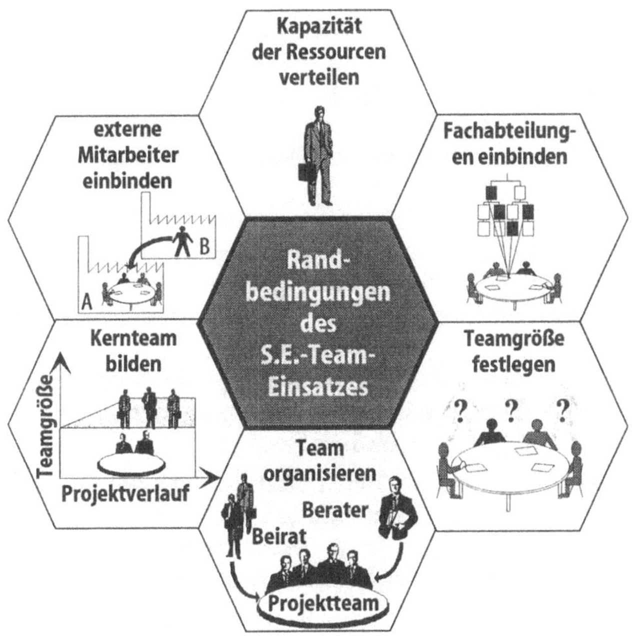


**Bild 2.2.** Randbedingungen des SE-Teameinsatzes (EVERSHEIM 1995A)

Kapazitätsverteilung der Ressourcen

Die Randbedingungen beeinflussen maßgeblich die Arbeitsweise und damit letztlich den Erfolg eines Projektteams. Mit der Kapazitätsverteilung der Ressourcen wird bspw. festgelegt, mit wieviel Prozent ihrer Arbeitszeit Mitarbeiter für das Projekt arbeiten. Nach einer Umfrage bei 117 Unternehmen arbeiten 21% der in SE-Projekten involvierten Mitarbeiter ausschließlich (100%) im SE-Team. Die übrigen Mitarbeiter sind einem SE-Team entweder temporär (25%) oder mit einem Teil ihrer Arbeitszeit (54%) zugeordnet (ARENSKÖTTER 1993).

Einbinden von Fachabteilungen

Bei den temporär dem SE-Team zugeordneten Mitarbeitern handelt es sich in der Regel um Mitarbeiter unterschiedlicher Fachabteilungen, die in Abhängigkeit vom Projektfortschritt bzw. bei eventuell auftretenden Problemen zu den Teamsitzungen hinzugezogen werden. Mitarbeiter, die nur zu einem Teil ihrer Arbeitszeit im SE-Team eingebunden sind, arbeiten häufig in mehreren Projekten gleichzeitig. Meist handelt es sich dabei um Spezialisten.

Bildung von Kernteams

Es empfiehlt sich, sogenannte Kernteams zu bilden, die über die gesamte Projektlaufzeit bestehen bleiben. In den Kernteams sollten Mitarbeiter aus den relevanten Bereichen (bspw. Einkauf, Entwicklung, Produktion) vertreten sein. Je nach Aufgabenstellung können auch Mitarbeiter von Zulieferern zum Kernteam gehören. Dies ist zum Beispiel der Fall, wenn der Zulieferer wichtige Entwicklungsaufgaben eigenverantwortlich übernimmt.

Teamgröße

Die Größe des Kernteams sollte möglichst zehn Mitarbeiter nicht überschreiten. Bei Bedarf kann zusätzlich ein erweitertes Team gebildet werden, dessen Zusammensetzung über der Projektlaufzeit variieren kann.

Die Einrichtung von Beratungsgremien, in denen u. a. die disziplinarischen Vorgesetzten der Teammitglieder eingebunden sind, ist geeignet,

- das SE-Team bei der Entscheidungsfindung und -durchsetzung zu unterstützen und
- den Rückfluß der im SE-Team erzielten Ergebnisse in die Fachabteilungen sicher zu stellen.

Räumliche Zusammenfassung

Um möglichst ungehinderte Kommunikation innerhalb des Kernteams sicherzustellen wird empfohlen, die Mitglieder des Teams räumlich zusammenzufassen, bspw. in einem eigenen Projektraum. Ist eine räumliche Zusammenfassung aus Gründen räumlicher Verteilung nicht möglich, so kann die Telekooperationstechnologie eine Infrastruktur für ein räumlich verteiltes SE-Team bilden.

#### 2.2.1.4 Unterstützung des Simultaneous Engineering durch Telekooperation

Simultaneous Engineering zeichnet sich insbesondere vor dem Hintergrund der Strukturierung von Produkten in Module und Systeme sowie die weitgehende Parallelisierung der Entwicklungsprozesse, durch einen sehr hohen Abstimmungsbedarf zwischen Hersteller und Zulieferer aus.

In der Praxis gestaltet sich dieser Abstimmungsbedarf besonders schwierig, wenn Mitarbeiter von Zulieferern zum Kernteam gehören, Mitarbeiter in mehreren Projekten gleichzeitig arbeiten oder Mitarbeiter oft unterwegs sind.

Telekooperationssysteme bieten hier die Möglichkeit, Kommunikation und Koordination der Teammitglieder zu unterstützen. Durch Video- und Computerkonferenzen bleiben sie für Kollegen und Kooperationspartner jederzeit für Problemlösungen erreichbar. Daraus resultiert ebenfalls eine höhere Flexibilität bei der Zusammensetzung dieser Teams.

### 2.2.2 Kooperative Wertschöpfung

Kooperative Wertschöpfung ist die konsequente Fortsetzung des Gedankens der Prozeßorientierung bis hin zum Kunden. Der steigenden Komplexität der vom Kunden geforderten Leistungen kann vor allem durch eine flexible Vernetzung begegnet werden (Bild 2.3.).

Voraussetzungen

**Bild 2.3.** Definition „Kooperative Wertschöpfung" (nach AWK 1996B)

Erfolgsfaktoren

Kooperative Wertschöpfung bedeutet dabei, daß sich verschiedene Partner für die Bearbeitung wechselnder Aufgabenstellungen flexibel zusammenfinden. Demnach handelt es sich dabei um eine zielgerichtete zwischenbetriebliche Form der Zusammenarbeit. Jeder Partner muß über spezifische Erfahrungen und bestimmte Kernkompetenzen verfügen, die ihn für die Kooperation qualifizieren. Für eine erfolgreiche Kooperation muß das Leistungsangebot der einzelnen Partner untereinander abgestimmt sein.

Dies setzt die Bereitschaft zur Anpassung voraus. Der Wille zur Anpassung des eigenen Leistungsangebotes an die Anforderungen, Arbeitsweisen, Erfahrungen der Partner, erfordert einen bewußt vollzogenen Prozeß. Deshalb sollte kooperative Wertschöpfung immer explizit vereinbart werden. Die Bündelung erprobter Kernkompetenzen soll sich für alle Seiten vorteilhaft auswirken. Wenn ein Partner die anderen Partner dominiert, besteht die Gefahr, daß die Aufwände ungleichmäßig verteilt werden. Deshalb sollten die Partner eigenständige Unternehmen sein, die über ein eigenes Produkt bzw. einen eigenen Markt verfügen (AWK 1996B).

Damit eine solche Kooperation zwischen Unternehmen letztlich erfolgreich ist, müssen abgesehen von den zuvor erläuterten Randbedingungen auch die allgemeinen Voraussetzungen für „Kooperation“ erfüllt sein. Diese sind in Anlehnung an (PIEPENBURG 1991):

- Zielidentität,
- Plankompatibilität,
- Erfolgszuschreibung,
- Vertrauensbasis und
- ungehinderte Kommunikation.

Diese Voraussetzungen müssen sowohl auf der Unternehmensebene als auch auf der persönlichen Ebene erfüllt sein. Während die Voraussetzungen auf der Unternehmensebene durch organisatorische Maßnahmen flankiert werden können, ist kaum Gestaltungsspielraum vorhanden, wenn sie auf der persönlichen Ebene nicht erfüllt sind. Die Nichterfüllung der organisatorischen Voraussetzungen beeinflußt in der Regel auch die persönliche Ebene negativ (LUCZAK et al. 1995).

Zielidentität

Zielidentität ist gegeben, wenn die Ziele der beteiligten Unternehmen und Personen weitgehend übereinstimmen. Im allgemeinen reicht es dabei schon, wenn eine Übereinstimmung bei Teilzielen erreicht wird. Bei Entwicklungskooperationen kann diese Voraussetzung in der Regel als erfüllt angesehen werden. Aufgrund der Aufgabenstellung, wie bspw. die Entwicklung eines gemeinsamen Produktes, ist eine zunächst objektive Grundlage zur Formulierung von Zielen und die Überprüfung der Zielerreichung in der Kooperation gegeben.

Plankompatibilität

Die Übereinstimmung von Zielen bzw. Teilzielen reicht jedoch nicht aus, um Kooperation sicherzustellen. Kooperation erfordert ebenfalls eine abgestimmte Vorgehensweise (Kompatibilität der Vorgehenspläne). Auf der Unternehmensebene wird dies im allgemeinen durch entsprechende Verträge erreicht, in die bspw. Projektpläne mit Meilensteinen oder Lieferbedingungen integriert werden. Bei der Durchführung des Projektes treten im Normalfall Abweichungen von diesen Vereinbarungen auf, die den zeitlichen Ablauf des Projektes (Verschiebungen aufgrund einer Synchronisation von Werksferien), die Integration von Arbeitsergebnissen (bspw. verschiedene CAD- und Normungssysteme) und die Konsistenz von Daten (bspw. verschiedene Stände der CAD-Modelle) stören. Diese Störungen zu beheben, ist Aufgabe des gemeinsamen Projektmanagements.

Auf der Ebene der Arbeitspersonen müssen die Arbeitshandlungen betrachtet werden. Arbeitshandlungen laufen auf Grundlage von Handlungsplänen ab (LUCZAK und VOLPERT 1998). Kooperation liegt nur dann vor, wenn die Handlungspläne der beteiligten Personen aufeinander abgestimmt sind. Eine grobe Synchronisation der Handlungspläne wird bereits durch die Vorgaben auf übergeordneter Ebene, bspw. in Form von Meilensteinen, erreicht. In der Praxis hat sich in Verbindung mit Simultaneous Engineering die Einrichtung von SE-Teams (s.o.) bewährt. Hauptaufgabe der SE-Teams im Rahmen der Kooperation ist die gemeinsame Abstimmung der Vorgehensweise, damit Plankompatibilität erzielt werden kann. Auf diese Weise können Kosten durch Abweichungen von einer gemeinsamen Vorgehensweise vermieden werden (LUCZAK et al. 1995).

Erfolgszuschreibung

Insbesondere bei unternehmensübergreifenden Entwicklungskooperationen, bspw. zwischen einem Automobilhersteller und einem Systemlieferanten, kommt es auf eine gerechte und vor allem akzeptierte Erfolgszuschreibung an. Auf Unternehmensebene sind Probleme der Ergebniszurechnung, d. h. wer in welchem Ausmaß auf die gemeinsam erzielten Ergebnisse zugreifen darf, ein erhebliches ökonomisches Kooperationsrisiko (BELZER 1993).

Vertrauensbasis

Unabdingbare Voraussetzung für eine Entwicklungskooperation ist eine solide Vertrauensbasis sowohl auf Unternehmens- als auch auf persönlicher Ebene. Auf Unternehmensebene kann eine solche Vertrauensbasis durch entsprechende „Signale“ der Unternehmen, wie bspw. langfristige Verträge, Absatzgarantien oder Optionen für Folgeprojekte, geschaffen werden. Zwischen den Arbeitspersonen ist eine solide Vertrauensbasis hauptsächlich von den Eigenschaften der involvierten Personen abhängig. Sie kann von außen gefördert, jedoch nicht sichergestellt werden und muß daher kontinuierlich überprüft werden.

Ungehinderte Kommunikation

Ungehinderte Kommunikation ist eine wesentliche, aber nur schwer zu realisierende Voraussetzung für erfolgreiche Entwicklungsprojekte. Kooperative Wertschöpfung führt zu einer Neudefinition der Leistungsumfänge von Systemlieferanten, Komponenten- und Teilezulieferern. Die Systemverantwortung wird dabei von der Hersteller- auf die Zulieferebene verlagert (EVERSHEIM 1995A). Damit ändern sich sowohl die Kommunikationsinhalte als auch die Wirkungen von Abstimmungsproblemen. Mißverständnisse in der Kommunikation zwischen Herstellern und Systemlieferanten haben wegen möglicher Fehlerfortpflanzung in der Zulieferpyramide weitreichende Konsequenzen (Bild 2.4.).

In der kooperativen Wertschöpfung steht nicht die Weitergabe von Informationen, sondern die gemeinsame Problemlösung im Vordergrund. Nach einer Studie des MIT stammen 80% aller realisierten Ideen aus persönlichen Kontakten. Gleichzeitig nimmt die Wahrscheinlichkeit, daß es zu solchen Kontakten (geplant oder ungeplant) kommt, mit zunehmender Entfernung der Beteiligten rasch ab (ALLEN 1988). Dies unterstreicht die außerordentlich hohe Bedeutung von persönlicher Kommunikation sowie die Problematik, die sich diesbezüglich aus einer verteilten Produktentwicklung ergibt (Bild 2.5.).

Intensive persönliche Kommunikation läßt sich in einer verteilten Struktur nur schwer realisieren. Daher neigen Kunden immer häufiger dazu, Mitarbeiter von Zulieferern längere Zeit bei sich selbst vor Ort arbeiten zu lassen. Gerade kleine und mittelständische Unternehmen (KMUs) können es sich jedoch oft nicht leisten, ihre hochqualifizierten Mitarbeiter für längere Zeit vor Ort beim Kunden zu belassen. Zumal hierdurch das Kommunikationsproblem oftmals nur vom

Hersteller auf den Zulieferer verlagert wird: Der vor Ort arbeitende Mitarbeiter des Zulieferers steht dann vor dem Problem, mit den Kollegen im eigenen Unternehmen intensiv kommunizieren zu müssen, ohne durch eine technische oder organisatorische Maßnahme Unterstützung zu finden.

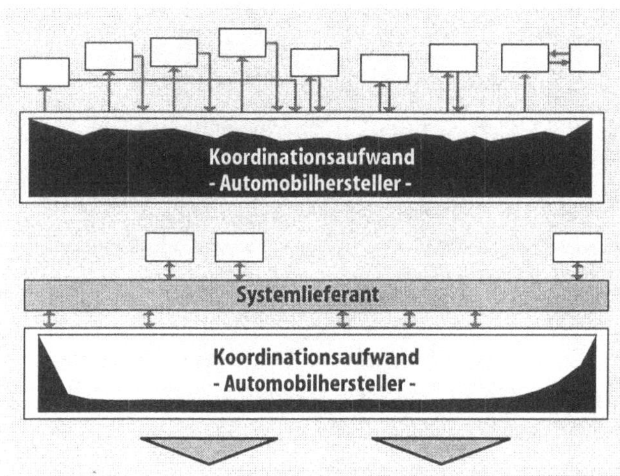


- starke Zunahme der erforderlichen Kommunikationsqualität durch verstärkte gemeinsame Problemlösung (neue Inhalte)
- weitreichende Auswirkungen von inhaltlichen Kommunikationsproblemen (Mißverständnisse)

**Bild 2.4.** Kommunikationsveränderungen zwischen Hersteller und Systemlieferanten (Eversheim 1997a)

Telekooperative Wertschöpfung

Bei telekooperativer Wertschöpfung finden sich verschiedene Unternehmen für die Bearbeitung wechselnder Aufgabenstellungen flexibel zusammen. Telekooperation und die dazu erforderliche technische Infrastruktur tragen dazu bei, die Konfiguration eines solchen Verbundes schnell und effizient zu gestalten und die aufgabenbezogenen Kommunikationsprozesse zu unterstützen.

Für die Zusammenarbeit ist aber auch Vertrauen eine grundlegende Voraussetzung, welches durch intensive, auch informelle Kommunikation mittels Telekooperationsmedien während der Projektdurchführung gefördert werden kann.

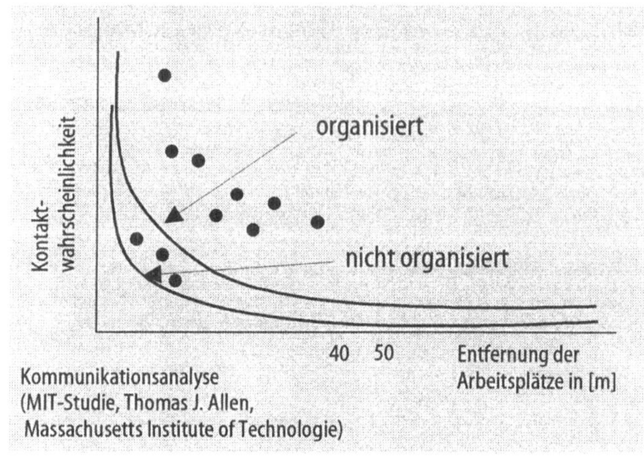


**Bild 2.5.** Kommunikationsverhalten von Entwicklungsingenieuren (ein Standort)

## 2.3 Technische Infrastruktur

In kooperativen, verteilten Entwicklungsprojekten müssen Personen trotz einer räumlichen Entfernung möglichst ungehindert kommunizieren und ihre Ressourcen austauschen können. Diese Telekooperation läßt sich durch innovative Werkzeuge der Informations- und Kommunikationstechnologie unterstützen. Allgemein werden diese Werkzeuge als Telekooperationssysteme oder Groupware bezeichnet und unter dem technisch-organisatorischen Konzept des Computer-Supported Cooperative Work (kurz CSCW, nach GREIF 1988) zusammengefaßt.

Telekooperationssysteme

Bei Telekooperationssystemen handelt es sich in Anlehnung an OBERQUELLE (1991) um arbeitsplatzorientierte Mehrbenutzer-Software, die zur Unterstützung kooperativer Arbeit entworfen wurde und es erlaubt, computergestützte Informationen zwischen Mitgliedern einer Gruppe auszutauschen oder gemeinsame Materialien in ergonomischen Benutzungsumgebungen koordiniert zu bearbeiten.

### 2.3.1 Funktionalitäten von Telekooperationssystemen

Zur Unterstützung kooperativer Arbeit bieten Telekooperationssysteme unterschiedliche Funktionalitäten, die JOHANSEN (1988) nach dem zeitlichen Verlauf der Zusammenarbeit (gleichzeitig oder zeitlich versetzt) und der örtlichen Struktur (gemeinsamer oder verschiedener Konferenzort) unterscheidet. Ein Beispiel dieser räumlich-zeitlichen Betrachtung von CSCW-Technologien ist in Bild 2.6. dargestellt.

Anwendungssituationen von Telekooperationssystemen

Für verteilte Entwicklungsprojekte sind primär diejenigen Funktionalitäten relevant, die eine Zusammenarbeit an unterschiedlichen Standorten unterstützen. Hierbei lassen sich vier Anwendungssituationen bilden, indem neben dem zeitlichen Verlauf die persönliche Kommunikation und die gemeinsame Bearbeitung von Material unterschieden wird (MAAß 1991). Die synchronen Anwendungssituationen bezeichnet man allgemein als sog. Teleconferencing.

Nachfolgend werden nur die für eine kooperative Automobilentwicklung wesentlichen Funktionalitäten behandelt, eine weitergehende Darstellung findet sich bspw. in BAECKER et al. (1995):

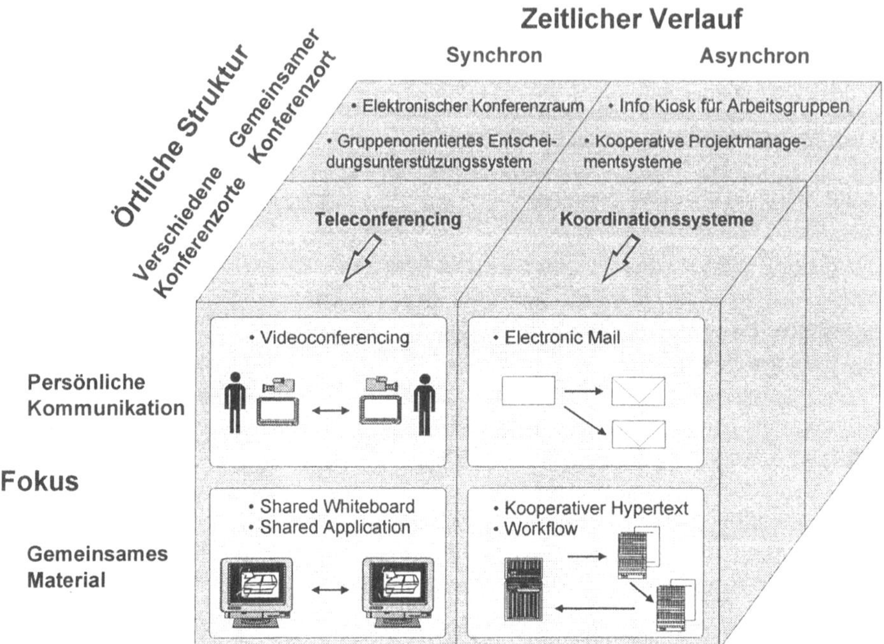


**Bild 2.6.** Funktionalitäten von Telekooperationssystemen

#### 2.3.1.1 Funktionalitäten zur Unterstützung synchroner persönlicher Kommunikation

Videokonferenz

Als primäre Unterstützungsfunktion in dieser Anwendungssituation ist die Videokonferenz zwischen räumlich verteilten Partnern zu nennen. Sind zwei Standorte beteiligt, spricht man von einer Punkt-zu-Punkt Konferenz. Im Falle von drei oder mehr Standorten handelt es sich um eine Mehrpunktkonferenz, die einen zentralen Knotenrechner (sog. Multipoint Control Unit) benötigt. Allgemein wird ein audiovisueller Kommunikationskanal zwischen Personen geschaffen, d. h. es können sowohl Mimik und Gestik abgebildet als auch physische Objekte wie Bauteile etc. visualisiert werden. Dabei ist die Bildqualität (Bildwiederholfrequenz und Auflösung) im wesentlichen von der Bandbreite des Kommunikationsnetzes und den eingesetzten Kompressionsalgorithmen abhängig.

#### 2.3.1.2 *Funktionalitäten zur synchronen Bearbeitung gemeinsamen Materials*

In diese Anwendungssituation fällt die Funktionalität sog. computergestützter Datenkonferenzen, die ebenso als Punkt-zu-Punkt oder Mehrpunktkonferenzen durchgeführt werden können. Die zwei wesentlichen Funktionen von Datenkonferenzen sind das Shared Whiteboard und das Application Sharing .

Shared Whiteboard

Beim Shared Whiteboard arbeiten die Teilnehmer auf einer gemeinsamen Arbeitsfläche in Form eines Notizblocks, auf dem beliebige Informationsobjekte plaziert werden können. Diese Objekte entstammen den Anwendungsprogrammen der jeweiligen Systemumgebung wie bspw. Bildausschnitte, Text etc. Jeder Konferenzteilnehmer besitzt eigene Zeige- und Skiziermöglichkeiten auf der Arbeitsfläche, in der Regel verschiedenfarbige Mauszeiger bzw. elektronische Stifte. Deren Effekt wird synchron an alle Teilnehmer übertragen und dort sichtbar gemacht.

Application Sharing

Im Gegensatz zum Whiteboard arbeitet das Application Sharing anwendungsorientiert. Zu diesem Zweck wird das graphische Abbild des von einem Teilnehmer (Master) gestarteten Anwendungsprogramms an alle anderen Teilnehmer (Slaves) verteilt. Jeder Teilnehmer besitzt eine eigene, auch für die anderen sichtbare Zeigemöglichkeit auf diesem Abbild. Ein Recht zur eigentlichen Benutzung des Anwendungsprogramms hat jedoch nur eine Person, die dieses Recht von einem Konferenzmoderator - in der Regel dem Master - erhält. Durch dieses Interaktionsrecht kann mit dem Anwendungsprogramm so gearbeitet werden, als würde man lokal mit dem System des Masters arbeiten.

Sowohl für das Shared Whiteboard als auch für das Application Sharing wird zur vereinfachten Koordination mindestens eine Audio-Konferenz geschaltet.

#### 2.3.1.3 *Funktionalitäten zur Unterstützung asynchroner persönlicher Kommunikation*

Electronic Mail

In dieser Anwendungssituation ist in erster Linie der elektronische Nachrichtenaustausch (Electronic Mail, kurz Email) zu nennen. Email ist die mit Abstand am meisten verbreitete Basisfunktionalität von Telekooperationssystemen. So können alleine im sog. Internet -ein international verfügbares Kommunikationsnetz- viele Millionen Teilnehmer via Email kommunizieren.

Es können sowohl unternehmensinterne als auch -externe Abstimmungsprozesse unterstützt werden, indem aus beliebigen Informationsobjekten (Text, Graphik, Audio, Video etc.) bestehende Nachrichten an einen oder mehrere Empfänger gesendet werden. Auf diese Weise ist es möglich, einen gewissen Teil der normalerweise besonderen Belastung durch synchrone Kommunikation per Telefon auf asynchrone Kommunikationswege zu verlagern.

#### 2.3.1.4 Funktionalitäten zur asynchronen Bearbeitung gemeinsamen Materials

In diese Anwendungssituation lassen sich eine Vielzahl grundlegender Funktionalitäten einordnen. Allen voran sind die „klassischen" Datei- und Druckdienste des Client-Server-Computings (TANENBAUM 1989, 1996) zu nennen, so daß netzweite Ressourcen wie Serverfestplatten und Drucker standortübergreifend genutzt werden können.

Workflow-Management und Hypermedia Systeme

Darüber hinaus fallen auch sog. Vorgangssteuerungssysteme (Workflow-Management, nach HALES und LAVERY 1991) unter diese Funktionalitäten. Hierbei handelt es sich um Software zum Management von Geschäfts- und Arbeitsprozessen, wobei die Reihenfolge der Vorgangsausführung durch eine Repräsentation des Prozesses im Computersystem gesteuert wird. Auf diese Weise können bspw. Formulare und Dokumente nach vorher festgelegten Regeln elektronisch durch Unternehmen gereicht werden.

Vorgangssteuerungssysteme werden jedoch vorwiegend in stark strukturierten, hochdeterminierten Arbeitssystemen eingesetzt, wie sie häufig in Banken und Versicherungen auftreten (BULLINGER et al. 1995), und sind daher für die verteilte Produktentwicklung derzeit nur von untergeordneter Bedeutung. Allerdings existieren derzeit viele Ansätze, determinierte Workflows durch Benutzer variieren und damit flexibilisieren zu lassen. Dies macht zukünftig auch einen Einsatz in weniger strukturierten Prozessen möglich.

Letztlich sind noch kooperative Hypertext/Hypermediasysteme zu nennen. Diese Softwaresysteme ermöglichen es, das Wissen der Mitglieder einer Organisation in Form einer über mehrere Computer verteilten semantischen Struktur abzubilden. CONKLIN (1991) spricht in diesem Zusammenhang auch vom sog. Corporate oder Organizational Memory. Hierbei wird ein aus beliebigen Informationsobjekten bestehendes Dokument in einzelne, inhaltlich abgegrenzte Teile strukturiert, die durch sog. Hyperlinks verbunden werden. Die Hyperlinks sind im Dokument farblich oder förmlich gekennzeichnet, so daß der Benutzer nach Maßgabe seines persönlichen Informationsbedarfs durch einfache Aktivierung via Mausklick durch das Informationsnetz der Teilseiten navigieren (sog. browsen) kann. Eine umfassende Einführung in Hypertext-Hypermedia bietet NIELSEN (1995).

### 2.3.2 Telekooperationssysteme und das Internet

Austauschregeln im Internet

Während sich bis Anfang der neunziger Jahre nur eine verhältnismäßig kleine Gemeinde von Forschern mit CSCW-Technologien auseinandersetzte, findet ein Teil dieser innovativen Werkzeuge durch den augenblicklich stattfindenden „Internet-Boom“ eine rasante Verbreitung.

Das Internet ist ein dem militärischen Forschungsbereich erwachsenes Kommunikationsnetz, das sich durch eine lose Kopplung von dezentral administrierten Computern (sog. Hosts) auszeichnet. Zentral werden nur die Computeradressen und -namen verwaltet (siehe COMER 1991). Um Informationen zwischen den verschiedenen im Internet befindlichen Hosts zu transferieren, werden einheitliche Datenformate und Austauschregeln verwendet. Die einheitliche Netzarchitektur ist die sog. TCP/IP Internet Protocol Suite, die international standardisiert ist und mittlerweile zum Normalumfang marktgängiger Betriebssysteme gehört.

Email und WWW

Auf der Grundlage von TCP/IP werden im Internet verschiedene primär asynchrone Telekooperationsdienste angeboten (siehe KROL 1994). Die mit Abstand am meisten verbreiteten Funktionalitäten sind einerseits der elektronische Nachrichtenaustausch und andererseits das sog. World Wide Web (kurz WWW). Beim World Wide Web handelt es sich um ein kooperatives Hypertextsystem, bei dem die Hyperlinks zwischen Teilseiten auf beliebigen Internet-Hosts hin- und herzeigen können. Die Hypertextseiten werden mit Hilfe sog. Browser von den jeweiligen Hosts geladen. Diese Browsing-Funktionalität des WWW ist am Beispiel des öffentlich zugänglichen „virtuellen Autosalons“ von BMW in Bild 2.7. verdeutlicht.

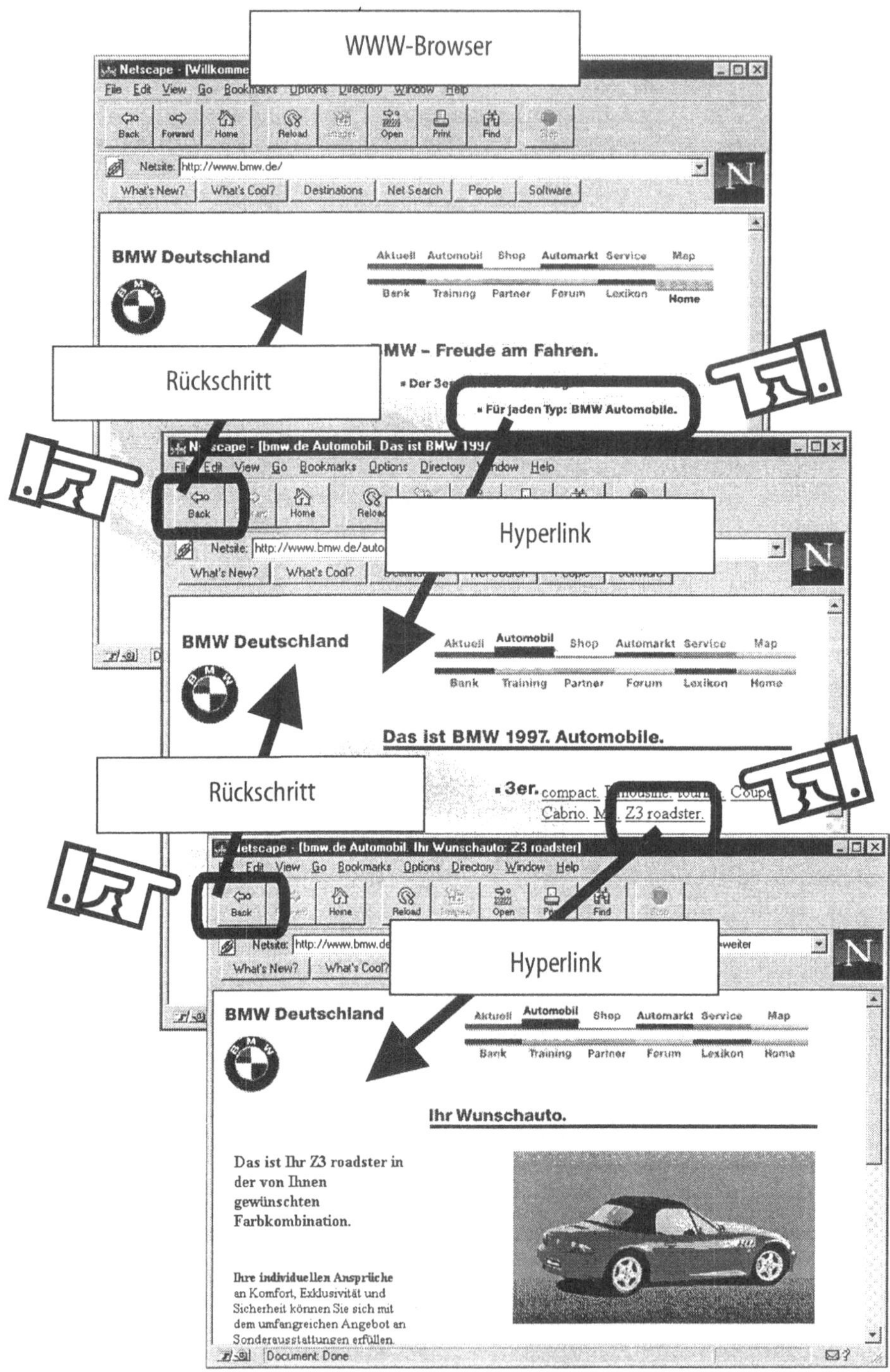


**Bild 2.7.** Beispielhafte Navigation zwischen drei Internet-Seiten des „virtuellen Autosalons" von BMW mit Hilfe eines Browsers

Sowohl Email als auch WWW werden täglich von mehreren Millionen Benutzern verwendet, wobei unter Beibehaltung der augenblicklichen Zuwachsraten im Jahre 2000 eine Milliarde Personen einen Internet-Zugang besitzen werden (NIELSEN 1995).

Intranet

Neben dem Internet sind zunehmend die sog. Intranets (siehe BODENSIEK 1996) für die betriebliche Kooperation und Kommunikation relevant. Hierbei handelt es sich im Gegensatz zum Internet um eine enge Kopplung von Hosts unter einer unternehmensinternen Administration, die nur einer beschränkten Benutzergruppe für die beschriebenen Telekooperationsdienste zur Verfügung stehen. Die dabei verwendeten Technologien sind dieselben wie im Internet. Somit können für die verteilte, kooperative Produktentwicklung allgemein bekannte und wegen der Verbreitung des Internet ausgereifte und kostengünstige Groupware-Dienste des Internets verwendet werden, ohne daß tatsächlich eine evtl. sicherheitskritische Verbindung (siehe Sicherheitsaspekte in Abschnitt 2.3.4) zum Internet besteht.

### 2.3.3 Kommunikationsnetze

Um eine detaillierte Behandlung von Netzarchitekturen zu vermeiden, wird nachfolgend nur der vom jeweiligen Computernetz abhängige Teil erläutert. Über diese Netzschnittstelle läßt sich bspw. TCP/IP als standardisierter Protokollstapel betreiben, der oft als Basis für Funktionalitäten von Telekooperationssystemen dient. Eine umfassende Darstellung von Netzarchitekturen findet sich in TANENBAUM (1996, 1989) oder SPANIOL (1993).

Übertragungsrate als Bewertungskriterium

Kommunikationsnetze lassen sich anhand verschiedener Kriterien wie Übertragungsrate, Übertragungskosten etc. bewerten und beurteilen. Als Bewertungsgröße wird an dieser Stelle alleinig die vom Netz zur Verfügung gestellte Übertragungsrate herangezogen, weil dieses Maß einen direkten Einfluß auf die technische Realisierbarkeit von synchronen Funktionalitäten wie Videoconferencing hat.

Die Übertragungsrate eines Kommunikationsnetzes wird in Bit pro Sekunde gemessen. Statt Übertragungsrate spricht man in Anlehnung an die frühere Analogtechnik auch von Bandbreite des Netzes. Sollen Telekooperationssysteme für die verteilte, kooperative Produktentwicklung dienen, so müssen Kommunikationsnetze im sog. Weitverkehrsbereich (Wide Area Network, kurz WAN) eingesetzt werden. Daneben existieren in der Regel noch lokale Netzinfrastrukturen in den Unternehmen (sog. Local Area Network, kurz LAN), die zu integrieren sind.

#### 2.3.3.1 *Wide Area Networks*

Weltweit existieren eine Vielzahl von Kommunikationsnetzen im Weitverkehrsbereich. Es gibt bspw. öffentliche Netze - betrieben von Privatgesellschaften oder öffentlichen Trägern - Forschungsnetze, kooperative Netze - betrieben von ihren Nutzern - oder Unternehmensnetze (TANENBAUM 1996). Werden flexible Verhältnisse zwischen den kooperierenden Unternehmen angenommen, so kommen nur WAN in Betracht, die

- einen öffentlichen Charakter haben, d. h. jedem Interessenten offenstehen,
- mindestens in der Bundesrepublik Deutschland flächendeckend verfügbar sind und
- für eine datentechnische Übertragung hoher Qualität ausgelegt sind.

ISDN

Auch auf obiger Basis werden derzeit von der Deutschen Telekom AG, als größter nationaler Betreibergesellschaft, diverse Telekommunikationsnetze, wie Datex-P etc. angeboten. Aus dieser Menge wird nun ein Netz detailliert betrachtet, das auf nationaler und internationaler Ebene besondere strategische Bedeutung hat. Es handelt sich um das Integrated Services Digital Network (ISDN). ISDN arbeitet voll digital und ist international standardisiert (KAHL 1992). Es bietet dem Nutzer seine Bandbreite in einer Granularität von 64 Kbit/s an. Man spricht vom sog. Basiskanal (B-Kanal) der Kapazität 64 Kbit/s. Teilnehmerseitig werden die Basiskanäle im wesentlichen in zwei Konfigurationen angeboten:

- Der ISDN-Basisanschluß bietet zwei B-Kanäle zur einzelnen oder parallelen Nutzung, d.h. die Übertragungsrate beträgt somit maximal 128 Kbit/s (Kbit = 1024 Bit).
- Der ISDN-Primärmultiplexanschluß bietet 30 B-Kanäle zur einzelnen oder parallelen Nutzung, die Übertragungsrate beträgt folglich max. 1920 Kbit/s.

### 2.3.3.2 Local Area Networks

LAN-Standards

In Unternehmen ist es Stand der Technik, daß rechnergestützte Arbeitsplätze lokal vernetzt sind, um bspw. serverbasierte Datei- und Druckdienste zu nutzen. Marktgängige Standards für LAN sind (TANENBAUM 1996):

- ISO 8802/3, das sog. Ethernet als mit Abstand am meisten verbreitete LAN-Technologie mit einer Übertragungsrate von 10 Mbit/s (Mbit= 1024 Kbit). Diese Technologie ist typisch für eine Arbeitsplatzanbindung. Gegenwärtige Weiterentwicklungen, das sog. „Fast-Ethernet", ermöglichen 100 Mbit/s (siehe DUTTON und LENHARD 1995).
- ISO 8802/5, der sog. Token Ring mit einer Übertragungsrate von 16 Mbit/s. Auch der Token Ring ist typisch für eine Arbeitsplatzanbindung, vor allem in IBM-Umgebungen.
- ISO 9314, das sog. Fiber Distributed Data Interface (FDDI) mit 100 Mbit/s Übertragungsrate. FDDI wird wegen der vergleichsweise hohen Kosten meistens im sog. Backbone-Bereich (Zentralnetz) angetroffen bzw. zur Vernetzung von Abteilungen.

ATM

Alle genannten LAN bieten keine Möglichkeit eine bestimmte Dienstqualität (Quality of Service, TANENBAUM 1996) zur Datenübertragung anzufordern, wie sie bspw. für einen Datenstrom von synchronen Audio-/Videosignalen notwendig sein kann. Diese Möglichkeit bietet jedoch eine innovative Breitbandtechnologie, der sog. Asynchrone Transfer Modus (kurz ATM), der auch als technologische Grundlage für das zukünftige Breitband (B)-ISDN dient (STOLLENMEYER 1994; DUTTON und LENHARD 1995 bzw. TANENBAUM 1996):

- ATM bietet typische Übertragungsraten von 25, 155, 622 etc. Mbit/s und ist derzeit vor allem im Backbone-Bereich, d.h. der Verknüpfung einzelner LANs bzw. deren Segmente vertreten. In Zukunft ist jedoch wegen der ausgezeichneten Dienstequalität und Integration eine verstärkte Verbreitung auch am Arbeitsplatz zu erwarten.

Neben den höheren Übertragungsraten wird es durch diese Breitbandtechnologie vor allem ermöglicht, LAN und WAN zu einer schnellen, homogenen Netzinfrastruktur zu verschmelzen, die auch die synchronen

Anwendungssituationen von Telekooperationssystemen standortübergreifend in hoher Qualität ermöglicht.

#### *2.3.3.3 Internetworking*

Verbindung von LAN- und WAN-Strukturen

Im herkömmlichen Fall getrennter WAN und LAN-Technologien stellt sich die Frage, wie beide Strukturen miteinander verbunden werden können, so daß eine homogene kommunikationstechnische Infrastruktur geschaffen wird. Eine für Anwendungsprogramme transparente Infrastruktur zwischen dem LAN- und WAN-Bereich kann mit Hilfe von bestimmten Netzverbindungselementen (sog. Relays, wie Bridges, Router, Gateways nach TANENBAUM 1996) hergestellt werden. Man spricht auch von Internetworking (ebda.). Eine zur kooperativen Produktentwicklung zwischen Hersteller und Zulieferer eingesetzte Beispieltopologie für das Teleconferencing entfernter CAD-Arbeitsplätze ist in Bild 2.8. zu sehen. Dabei werden die jeweiligen lokalen Netze via ISDN mit Hilfe von Datenpaketvermittlern (Routern) verbunden.

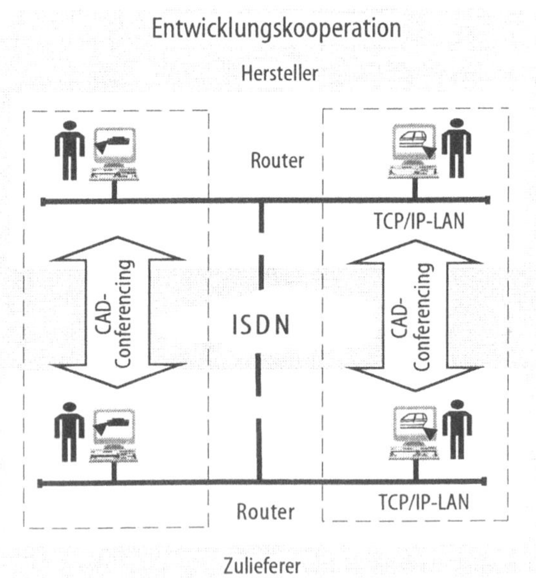


**Bild 2.8.** Verbindung von CAD-Arbeitsplätzen im LAN über ein WAN mit Hilfe von Routern

Differenz der Übertragungsraten

Trotz der transparenten Netzverbindung besteht zwischen LAN- und WAN- Bereich eine erhebliche Differenz bzgl. der Übertragungsrate. Während lokale Netze nach dem Stand der Technik den Bereich von 10 Mbit (Ethernet) bis 100 Mbit (Fast Ethernet, FDDI) belegen, bieten selbst leistungsfähige Weitverkehrsnetze wie ISDN nur Raten von 128 Kbit (Basisanschluß) bis 2 Mbit (Primärmultiplexanschluß).

Nach dem Engpaßprinzip ist die effektive Übertragungsrate der unternehmensübergreifenden Infrastruktur gleich der Übertragungsrate des langsameren Mediums WAN. Die effektive Übertragungsrate beeinflußt jedoch direkt die Anwendungsmöglichkeiten. So verlangt insbesondere das Audio-/Videoconferencing mit Lippensynchronizität und einer ansprechenden Bildqualität eine ausreichend hohe Bandbreite von derzeit wenigstens 128 Kbit (2 B-Kanäle) mit geringer Zeitverzögerung, die von der kommunikationstechnischen Infrastruktur zur Verfügung gestellt werden muß.

### 2.3.4 Sicherheitsaspekte und WAN-Direktanbindung

Sicherheit durch Firewalls

Der Vorteil der in Bild 2.8. skizzierten Internetworking-Lösung besteht in einem guten Informationsschutz aufgrund des zentral administrierten Zugangspunkts zum lokalen Computernetz in Form eines Routers. Dieser Router führt bestimmte Kontrollprozeduren wie bspw. eine Rufnummernüberprüfung externer Router durch, so daß ein unbefugter Zugang erschwert wird. Darüber hinaus läßt sich mit Hilfe sog. Firewall-Software auf den Routern eine Sicherheitsstufe erreichen, die einzelne IP-Adressen, Kommunikationsports etc. einschließt. Eine umfassende Einführung in Firewalls bieten CHAPMAN und ZWICKY (1996). Der Nachteil dieser zentralen Routing-Lösung besteht jedoch darin, daß kein Quality of Service gewährleistet ist. Daher ist im Normalfall des Routing über einen Basisanschluß nach dem Stand der Technik selbst bei Kanalbündelung (beide B-Kanäle parallel genutzt) kein Videoconferencing möglich. Ferner handelt es sich um eine technisch komplexe Lösung, die eine Vielzahl von Möglichkeiten für Instabilitäten besitzt.

Direktverbindung von Konferenzsystemen

Im Gegensatz zu dieser zentralen Lösung bieten ausgereifte Teleconferencing-Produkte wie bspw. Microsoft NetMeeting in Verbindung mit ELSA Vision32 (siehe Abschnitt 2.3.6.2) zusätzlich die Möglichkeit einer Direktverbindung zweier Konferenzsysteme via ISDN, ohne daß entsprechende Router vorgehalten werden müssen (Bild 2.9.). Auf diese Weise ist selbst bei zwei B-Kanälen integriertes Videoconferencing, Application- und Whiteboard Sharing möglich und aufgrund der geringeren Komplexität des Gesamtsystems wird eine höhere Stabilität erreicht.

Sicherheitsrisiken

Der Nachteil dieser dezentralen Direktanbindung an ein externes WAN liegt jedoch in schwierig zu überwachenden Zugängen zum lokalen Computernetz. Durch diese doppelte Netzanbindung können sicherheitstechnische „Schlupflöcher" entstehen, indem bspw. interne CAD-Modelle via Shared Whiteboard in einer Telekonferenz an externe Unbefugte weitergegeben werden. Deshalb sollten zusätzlich persönliche oder organisatorische Schutzmaßnahmen getroffen werden.

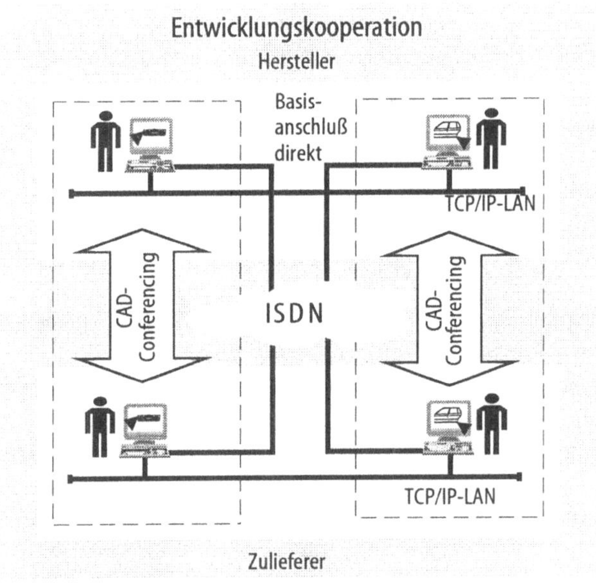


**Bild 2.9.** Direkte ISDN-Verbindung von CAD-Arbeitsplätzen im LAN ohne Einsatz eines zentralen Routers

### 2.3.5 Standardisierung

Durch informationstechnische Standards werden Funktionalitäten von Telekooperationssystemen unabhängig von herstellerspezifischen Hard- und Softwareplattformen nutzbar. Nachfolgend werden die Standardisierungsbestrebungen im Bereich der synchronen Funktionalitäten erörtert.

Videoconferencing

Hinsichtlich des Videoconferencing werden von der International Telecommunications Union (ITU) mehrere Standards empfohlen, die unter dem Rahmen der sog. H.3XX Serie zusammengefaßt sind. Von besonderer Relevanz im Betrachtungsfall sind:

H.3XX Standards

- H.320 für das Videoconferencing direkt via ISDN, d.h. ohne den Einsatz von Routern,
- H.323 für Videoconferencing in LAN, die keinen Quality of Service bieten (Ethernet, Token Ring, FDDI), bzw. H.322 für LAN mit Quality of Service,
- H.310 für Videoconferencing via ATM.

Datenconferencing

Bezüglich des reinen Datenconferencing werden von der ITU die Standards T.12X vorgeschlagen. Wie im Fall des Videoconferencing handelt es sich hier um ein Rahmenwerk, das von infrastrukturellen Empfehlungen wie T.123, T.122/125, T.124 ausgehend auch sog. Anwendungsprotokolle wie T.126, T.127 etc. definiert.

T.12X Standards

Beim Anwendungsprotokoll T.126 handelt es sich um eine Standardisierung hinsichtlich des Austausches von Standbildern (Still Images), die mit entsprechenden Kommentaren (Annotations) versehen werden können. T.126 kennt keine anderen Informationsobjekte außer diesen einfachen Graphiktypen (sog. Bitmaps). Auf diese Weise kann jedoch nur eine Funktionalität abgebildet werden, die dem Shared Whiteboard entspricht. Ein Anwendungsprotokoll zur Unterstützung des Application Sharing ist (noch) nicht enthalten. Darüber hinaus ist in T.127 der Austausch von Dateien in Datenkonferenzen spezifiziert.

Sowohl für Video- als auch für Datenconferencing sind Mehrpunktverbindungen in den Rahmenwerken vorgesehen, so daß beim Einsatz einer Multipoint Control Unit (MCU), die beschrieben Funktionalitäten systemunabhängig genutzt werden können.

### 2.3.6 Systemlösungen für Teleconferencing

Basierend auf den technischen Grundlagen werden nachfolgend vier marktgängige Systeme vorgestellt, die

Beispielsysteme

computergestütztes Konferieren im Unternehmenskontext ermöglichen. Es wird zwischen Videokonferenzsystemen, PC-basierten und UNIX-Workstation-basierten Desktop-Telekonferenzsystemen unterschieden. Eine Marktübersicht ist über das Internet auf dem WWW-Server des Instituts für Arbeitswissenschaft (http://www.iaw.rwth-aachen.de) verfügbar.

#### 2.3.6.1 Videokonferenzsysteme: VTEL 127S

VTEL 127S

Beim Videokonferenzsystem VTEL 127S handelt es sich um ein H.320 konformes Produkt auf der technischen Grundlage einer PC-Plattform mit ISDN-Funktionalität. Zur Bilddarstellung wird ein großflächiger PAL-Fernseher verwendet, ansonsten handelt es sich um eine normale Windows-95 Implementierung, die um entsprechende Konferenzwerkzeuge erweitert wurde.

Das System wird in Form eines rollbaren Nebenstellgerätes angeboten und in Verbindung mit einer sog. Dokumentenkamera eingesetzt, so daß auch konventionelle Arbeitspapiere oder Bauteile (bspw. aus der Werkstatt) visualisiert werden können. Folglich handelt es sich um eine Lösung, die eher für spezielle Konferenzbereiche mit mehreren Teilnehmern ausgelegt ist und weniger direkt am Arbeitsplatz des Produktentwicklers eingesetzt wird.

Zusätzlich zur Funktionalität des Videoconferencing ist das Shared Whiteboard von Intel ProShare (s.u.) implementiert. Dieses proprietäre, d.h. herstellerspezifische Whiteboard kann in Verbindung mit einer Anlage gleichen Typs verwendet werden, um computergestützte Ressourcen wie Bildschirmabzüge von CAD-Modellen zu nutzen. Steht eine ISDN-MCU zur Verfügung, so sind auch Mehrpunktkonferenzen möglich.

#### 2.3.6.2 PC-basierte Systeme: Microsoft NetMeeting und Intel ProShare Conferencing Video System 200

Microsoft NetMeeting

Microsoft NetMeeting ist ein Werkzeug zum Desktop-Teleconferencing unter Windows NT 4.0 oder Windows 95. NetMeeting arbeitet primär LAN-basiert (TCP/IP Protokollstapel) und bietet synchrone Funktionalitäten wie Application Sharing, Shared Whiteboard und Audio-/Videoconferencing, die in Verbindung mit entsprechenden Server-MCU auch im Mehrpunktbetrieb genutzt werden können.

Bzgl. Audio-/Videoconferencing ist NetMeeting H.323 kompatibel. Das Whiteboard unterstützt prinzipiell den T.120 Standard, wobei jedoch nach dem Stand der Technik wegen differierender Implementierungsstufen Inkompatibilitäten zu anderen Systemen auftreten können. In Verbindung mit ISDN Karten (sog. NDIS-Treiber erforderlich) ist auch eine WAN-Direktverbindung möglich. Videokonferenzen nach dem H.320 Standard können mit NetMeeting nur durchgeführt werden, wenn zusätzliche Hard- und Software zur Verfügung steht.

ELSAVision32

Ein leistungsfähiges Werkzeug in diesem Zusammenhang ist ELSA Vision32 (ELSA GmbH, Aachen), das sowohl Windows NT 4 als auch Windows 95 unterstützt.

NetMeeting besitzt eine ergonomisch gestaltete Benutzungsschnittstelle, die weitgehend konsistent mit den Microsoft Office-Anwendungen ist und noch zusätzliche Funktionen wie Adreßverwaltung, Dateitransfer, textuelle Kommunikation (sog. „Chatting") und ein gemeinsames Clipboard bietet. Eine beispielhafte CAD-Telekonferenz mit NetMeeting ist in Bild 2.11. dargestellt.

Intel ProShare Conferencing Video System 200

Intel ProShare Conferencing Video System 200 (kurz ProShare) ist eine Art „Vorgängersystem" und steht bereits seit 1994 am Markt zur Verfügung. ProShare ist ebenso wie NetMeeting ein PC-basiertes System zum Desktop-Teleconferencing, das jedoch nur Windows 3.11 und Windows 95 voll unterstützt. ProShare bietet Videoconferencing auf der Basis des H.320 Standards und die Funktionalitäten des Application Sharing und des Shared Whiteboard auf proprietäre Art.

ProShare bietet eine ergonomisch gestaltete Benutzungsschnittstelle mit integrierter Adressenverwaltung und der Möglichkeit des Datei-Transfers direkt aus einer bestehenden Telekonferenz. ProShare Konferenzen können sowohl direkt via ISDN als auch über den TCP/IP Protokollstapel durchgeführt werden, so daß unterschiedliche Sicherheitsanforderungen berücksichtigt werden können. Wird ISDN verwendet, so werden stets beide B-Kanäle des Basisanschlusses gebündelt.

X11 Emulation für CA-Conferencing am PC

Weil professionelle CAD-Systeme wie bspw. CATIA von Dassault Systeme auf UNIX-Plattformen unter dem sog. X11-Graphikprotokoll bspw. der MOTIF-Benutzungsoberfläche laufen, lassen sich sowohl Net-Meeting als auch ProShare nur dann zum produktiven CAD-Teleconferencing einsetzten, wenn auf dem Conferencing-PC eine sog. X11-Emulationssoftware eingesetzt wird. Mit Hilfe dieser Software werden die X11-Graphikbefehle in Windows-Graphikkommandos (sog. GDI Messages) umgewandelt, so daß es möglich ist, die Bildinformationen des UNIX-Hosts komplett auf den PC umzuleiten (Bild 2.10.).

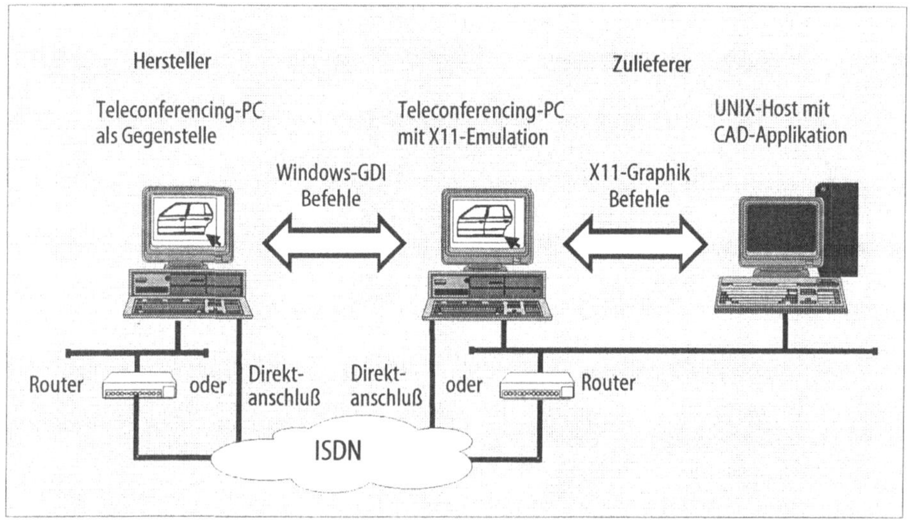


**Bild 2.10.** PC-basiertes Teleconferencing von UNIX CAD-Applikationen mit Hilfe eines X11-Emulators

Folglich wird die CATIA-Applikation direkt auf dem PC dargestellt und kann in einer Telekonferenz bspw. via Application Sharing als Diskussionsgrundlage dienen. Ergänzend können vorbereitete Bildschirmabzüge (sog. Screenshots) des CAD-Modells erstellt und im Whiteboard abgelegt werden, die dann später in einer Telekonferenz verwendet werden (siehe Stoßfänger in Bild 2.11.).

#### 2.3.6.3 *UNIX Workstation-basiertes System: CATS der Deutschen Telekom AG*

Bildtelefon und X11 Conferencing

Der Computer Assistierte Telekooperations Service (kurz CATS) der Deutschen Telekom AG besteht technisch gesehen aus zwei separaten Komponenten: Erstens dem H.320 kompatiblen Bildtelefon SC320 mit dem das Audio-/Videoconferencing realisiert wird und zweitens der proprietären X11-Conferencing Software namens JointX von Siemens Nixdorf Informationssysteme, die dem Application Sharing und Whiteboarding direkt aus der MOTIF-Benutzungsoberfläche dient.

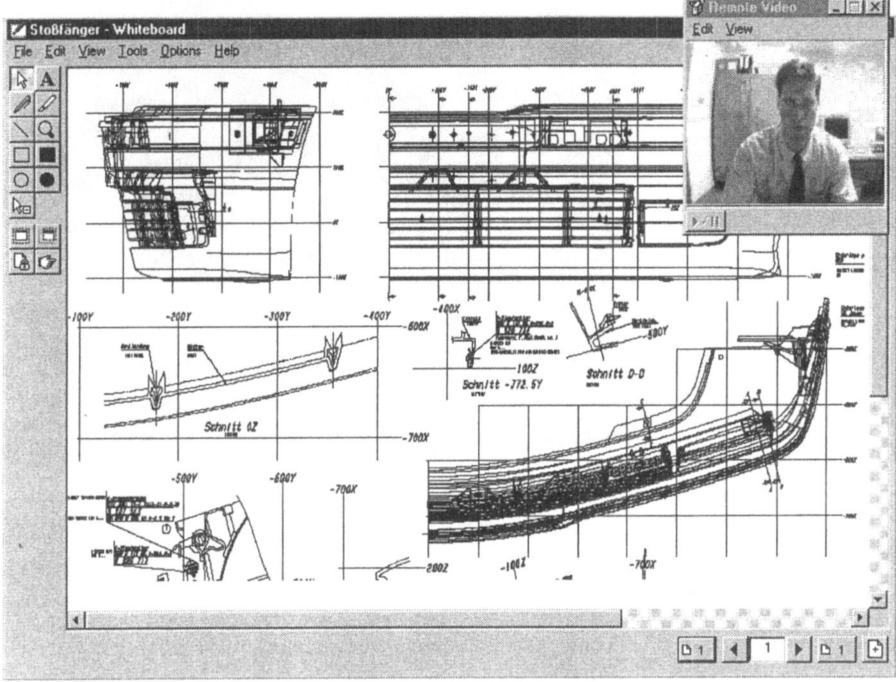


**Bild 2.11.** Beispielhafte Telekonferenz auf der Basis von NetMeeting mit Hilfe des Shared Whiteboards

Es kann also auf eine Displayumlenkung wie bei PC-basierten Systemen verzichtet werden und direkt bspw. in der UNIX-basierten CAD-Umgebung konferiert werden (Bild 2.12.).

Darüber hinaus besteht wie bei PC-basierten Systemen die Möglichkeit des Dateitransfers aus einer bestehenden Telekonferenz. Im Gegensatz zu NetMeeting oder ProShare wird für das Application Sharing via JointX stets eine IP-Routingverbindung benötigt, wobei dieser Router als rechnerexternes Gerät oder rechnerintern realisiert werden kann. Auch JointX besitzt eine ergonomisch gestaltete Benutzungsschnittstelle mit integrierter Adressenverwaltung. Der Mehrbenutzerbetrieb ist auch ohne zusätzliche MCU-Server möglich.

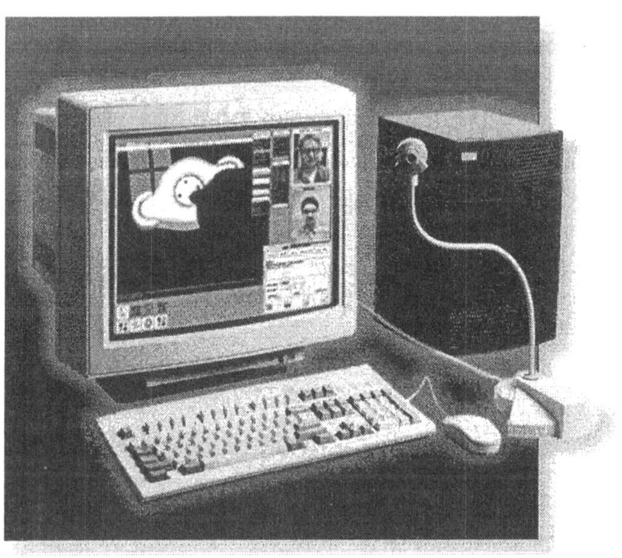

**Bild 2.12.** CAD-Teleconferencing mit CATS

## 2.4 Persönliche Kommunikationsinfrastruktur

Kommunikation wird von Menschen getragen

In Abschnitt 2.1.1 wurde Kommunikation als „ein Prozeß des Austauschs von Information zwischen Kommunikationspartnern zum Zwecke der Verständigung" definiert. Trotz aller technischen Systeme: Kommunikation als wesentlicher Erfolgsfaktor für den verteilten Entwicklungsprozeß wird letztlich von Menschen getragen. Daher muß ein Verständnis darüber bestehen, welche Aspekte die menschliche Kommunikation ausmachen, wie eine adäquate technische Unterstützung dieser Aspekte vorgenommen werden kann und wie Mitarbeiter zu einer qualitativ hochwertigen Kommunikation motiviert werden können.

Veränderte Rahmenbedingungen in der Fahrzeugentwicklung, wie die höhere Produktkomplexität und neue organisatorische Konzepte, wie Simultaneous Engineering und kooperative Wertschöpfung (siehe Abschnitt 2.2.1), führen zu höheren Anforderungen an die Kommunikationsfähigkeiten der Mitarbeiter und an deren adäquate Unterstützung. Nicht mehr die Weitergabe von Informationen, sondern die gemeinsame Problemlösung steht im Vordergrund.

Telekooperation, verstanden als technische Infrastruktur und zugleich organisatorisches Konzept, kann die persönliche Kommunikationsqualität in der Produktentwicklung signifikant verbessern, wenn alle Aspekte menschlicher Kommunikation beachtet werden.

### 2.4.1 Veränderung der Kommunikationssituation aus Mitarbeitersicht

Steigender Kommunikationsbedarf

Der steigende Informations-, Kommunikations- und Kooperationsbedarf zwischen Mitarbeitern in der Produktentwicklung kann durch die Gegenüberstellung verschiedener empirischer Studien (siehe Tabelle 2.1.) nachgewiesen werden (bspw. WIENDAHL und GRABOWSKI 1972; BEITZ et al. 1973; BULLINGER et al. 1975; HESSER 1981; HALES 1987; SPRINGER 1995).

**Tabelle 2.1.** Angaben verschiedener Autoren zum Informations-, Kommunikations- und Kooperationsbedarf beim Konstruieren

| Autor | Anteil der Arbeitszeit |
|---|---|
| Wiendahl, Grabowski 1973 | 17,0 % |
| Beitz et al. 1973 | 9,3 % |
| Bullinger et al. 1975 | 20,0 % |
| Hesser 1981 | 36,4 % |
| Hales 1987 | 37,4 % |
| Springer et al. 1995 | 50,2 % |

Steigende Belastung durch Kommunikationsprobleme

Dem erhöhten Bedarf stehen bisher unzureichende Konzepte und Technologien zur Verbesserung der Kommunikation in der verteilten Fahrzeugentwicklung gegenüber. Dies führt aus Mitarbeitersicht zu vielen zusätzlich belastenden Problemen:

- Auf wichtige Informationen muß gewartet werden, da diese zeitaufwendig über den Postweg weitergeleitet werden, so daß sich Arbeitsschritte verzögern und der Termindruck erhöht wird.
- Abstimmungsprobleme und Mißverständnisse führen zu Mehraufwendungen, die zum Teil nur durch Überstunden abgedeckt werden können.
- Nach einer Studie des MIT stammen 80% aller realisierten Ideen aus persönlichen Kontakten. Die gemeinsame, kreative Entwicklung von Ideen und Problemlösungen ist über Telefon/Telefax nur eingeschränkt oder gar nicht möglich, stellt aber eine wichtige Voraussetzung für die Arbeitszufriedenheit dar.
- Eine dadurch notwendige steigende Anzahl von Dienstreisen, die zum Teil in der Freizeit durchgeführt werden, wird ebenso wie eine zeitweise Versetzung an andere Standorte als hohe soziale Belastung empfunden.

Bereitschaft zur Nutzung von IuK-Technologie

Aufgrund der steigenden Belastungen durch den erhöhten Kommunikationsbedarf und die genannten Kommunikationsprobleme ist bei den Mitarbeitern eine hohe Bereitschaft zur Auseinandersetzung mit neuen Informations- und Kommunikationstechnologien und technisch-organisatorischen Konzepten wie der Telekooperation festzustellen. Um bei einer Einführung deren Akzeptanz und Nutzung sicherzustellen, müssen jedoch zwei wesentliche Voraussetzungen erfüllt sein:

- Die Mitarbeiteranforderungen an eine Unterstützung ihrer Kommunikation müssen bei der Entwicklung und Auswahl von IuK-Technologien beachtet werden.
- Die Mitarbeiter müssen aktiv an dem Einführungsprozeß beteiligt werden, um ihre Kommunikation optimieren zu können.

#### 2.4.1.1 Entwicklung und Auswahl von Telekooperationssystemen

Probleme technikzentrierter Vorgehensweisen

In der Vergangenheit hat sich gezeigt, daß eine rein technikzentrierte Vorgehensweise zur Entwicklung von Informations- und Kommunikationssystemen unter Vernachlässigung der Benutzeranforderungen nicht erfolgversprechend ist (GRUDIN 1988). Es wurden zahlreiche Systeme entwickelt, die jedoch im Einsatz deutlich hinter den Erwartungen zurückblieben (siehe OBERQUELLE 1991; MARKUS und CONOLLY 1990).

Persönliche Kommunikation vor Ort als Referenz

Bezogen auf die Telekooperation bedeutet dies: Zur Gewährleistung einer Unterstützung synchroner Kommunikationssituationen muß die persönliche Kommunikation der Mitarbeiter vor Ort als Referenzmaßstab gesehen werden. Daher wurde im Projekt CONTACT ein Kommunikationsmodell entwickelt, welches für Telekooperation relevante Aspekte menschlicher Kommunikation beschreibt (siehe Abschnitt 2.4.2). Aus diesem Modell können Anforderungen an eine Telekooperationsunterstützung abgeleitet werden.

Kommunikationssituationen (sog. Szenarien) aus der verteilten Produktentwicklung wurden im Projekt CONTACT per Videotechnik dokumentiert und analysiert, um Schlüsse auf die Gestaltung telekooperativer Kommunikationsszenarien ziehen zu können. Diese müssen möglichst viele Aspekte persönlicher Kommunikation vor Ort beinhalten.

#### 2.4.1.2 Einführungsprozeß von Telekooperation

Konzept der Organisationsentwicklung

Ein bereits häufig erfolgreich eingesetztes Konzept zur Einbindung der Mitarbeiter in Veränderungsprozesse ist das Konzept der Organisationsentwicklung (OE).

Grundannahme der OE ist, daß sich bei Veränderungsprozessen Leistungsoptimierung (Produktivitätssteigerung, Effektivitätssteigerung) und eine Entlastung der Mitarbeiter einander nicht ausschließen (ULICH 1994). Es werden dabei zwei grundsätzliche Annahmen in Bezug auf den Mitarbeiter gemacht:

- Die meisten Mitarbeiter haben ein Bedürfnis nach individueller Entwicklung, wenn die Arbeitssituation (und deren Veränderung) als Herausforderung erlebt wird.
- Die meisten Mitarbeiter wollen einen effektiveren und weitreichenderen Beitrag zu den Zielen der Organisation leisten, als es die Organisationssituation häufig zuläßt (BECKER, LANGOSCH 1995).

Bezogen auf die Telekooperation bedeutet dies: Der Mitarbeiter in der verteilten Produktentwicklung will seine Arbeitsaufgaben effizient erledigen. Aus dieser Motivation heraus ist er an einer möglichst guten Unterstützung seiner Arbeits- und Kommunikationsprozesse durch Telekooperation interessiert und will in den Veränderungsprozeß eingebunden sein.

Identifikation als Erfolgsfaktor

Die dadurch erhöhte Identifikation führt wesentlich zum Erfolg von Telekooperation. Daher wurde im Projekt CONTACT ein auf OE-Konzepten basierendes Einführungskonzept entwickelt und bereits mehrfach erfolgreich eingesetzt (siehe Kap. 3.2).

### 2.4.2 Personenorientiertes Kommunikationsmodell für die verteilte Produktentwicklung

Menschliche Kommunikation und deren technische Unterstützung

Voraussetzung für die Auswahl von Telekooperationssystemen und die erfolgreiche Einführung von Telekooperation ist ein Verständnis über die Grundlagen der menschlichen Kommunikation im allgemeinen und deren spezifischen Ausprägungen in der Entwicklungskooperation. Hierfür wird im folgenden ein Modell der technisch vermittelten Kommunikation und Kooperation und ein zugehöriger morphologischer Kasten, aus dem Kommunikationsszenarien in der Produktentwicklung abgeleitet werden können, vorgestellt.

Das Modell faßt verschiedene Modellvorstellungen zur Kommunikation (in Anlehnung an WAHREN 1987) zusammen. Zum besseren Verständnis wird es im folgenden sukzessive aus den Modellen im Hinblick auf die Einführung und Nutzung von Telekooperation aufgebaut. Das Modell deckt technische, organisationsbezogene und personenbezogene Aspekte ab.

Sender-Empfänger Modell mit Störquelle

Die Grundlage bildet Shannons Sender-Empfänger Modell. Dieses geht davon aus, daß ein Sender(Telekooperations-)system einem Empfängersystem eine von einer Quelle (bspw. Konstrukteur des Herstellers) generierte Information übermittelt (SHANNON et al. 1976). Eine Störquelle - hier die Bandbreitenbeschränkung - reduziert dabei die Qualität der Information. Der Empfänger dekodiert die Nachricht und stellt sie dem Nachrichtenziel (bspw. Konstrukteur des Zulieferers) der Entwicklungskooperation zur Verfügung, wie Bild 2.13. verdeutlicht. Für eine hochwertige Darstellung von komplexen Objekten wie CAD-Modellen ist die Minimierung von Störquellen Voraussetzung.

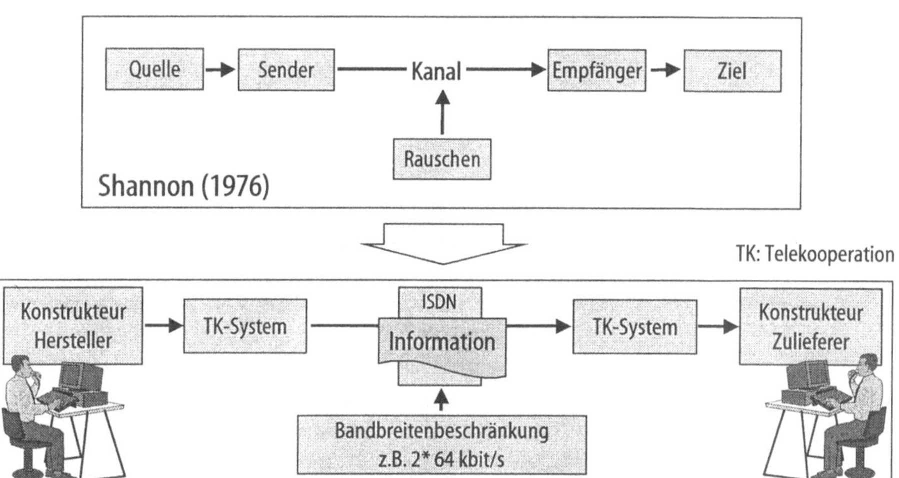


**Bild 2.13.** Kommunikationsmodell nach SHANNON et al.

Menschen senden und empfangen Informationen gleichzeitig

Das Modell der motorischen Fähigkeiten von ARGYLE trägt der Tatsache Rechnung, daß die Prozesse des Sendens und Empfangens bei der menschlichen Kommunikation gleichzeitig ablaufen (siehe Bild 2.14.). Der Sender reagiert bereits während des Sendens auf die Reaktion des Empfängers (ARGYLE 1972). Das Modell kann als kybernetisches Kommunikationsmodell bezeichnet werden, bei dem der Mensch als Regler gilt und dessen Ziele als Sollwert (WIENER 1967).

Für die Telekooperation bedeutet dies: Durch die gleichzeitige Wahrnehmung des Partnerverhaltens wird ein dynamischer Informationsaustausch vorgenommen. Eine dabei eingesetzte Telekooperationstechnologie muß sowohl die Sprache (Vollduplex-Sprachverbindung) als auch Bilder des Partnerstandortes in Echtzeit übertragen. Starke systembedingte Verzögerungen werden von den Mitarbeitern als unnatürlich und den Gesprächsfluß hemmend bewertet.

Sach- und Beziehungsaspekt von Informationen

Nach WATZLAWICK et al. (1980) enthält eine Information neben dem Sachinhalt auch einen Beziehungsaspekt, der die wechselseitige Wahrnehmung der Kommunikationspartner zueinander zum Inhalt hat. Durch diesen wird zum Teil erst festgelegt, wie der Sachinhalt zu verstehen ist. Ein Satz wie „Das Problem haben sie gut gelöst." bekommt eine andere Bedeutung, wenn der Sprecher dabei einen neidischen Gesichtsausdruck macht.

Der Sachaspekt wird vorwiegend durch Sprache, der Beziehungsaspekt vor allem über Mimik, Gestik und Vokalisierung übertragen (SCHULZ VON THUN 1981). Untersuchungen haben gezeigt daß mehr als 50% der Informationen durch Mimik/Gestik vermittelt werden (BERR und FEUERSTEIN 1988).

Unterstützung des Teamgedankens

Für die Telekooperation bedeutet dies: In der verteilten Entwicklungskooperation kann ein ausgeprägter Teamgedanke wesentlich zur effizienten Erledigung der Aufgaben gerade unter zeitlich restriktiven Rahmenbedingungen beitragen. Daher muß die Beziehungsebene der Partner durch Telekooperation unterstützt und mögliche Probleme auf der Beziehungsebene so gut abgebildet werden, so daß sie erkannt werden können. Technologisch ist auch hier die Bereitstellung von hochwertigem Video- und Audio zu fordern, so daß Sprache, Mimik, Gestik und Vokalisierung möglichst gut übertragen werden können (siehe Bild 2.14.).

Rahmenbedingungen der Kommunikation

Die bisherigen Ausführungen beziehen sich auf die Kommunikation zwischen Personen, ohne deren Umfeld zu beachten. Da diese nicht unabhängig, sondern im Kontext einer Unternehmenskooperation miteinander kommunizieren, wird das Modell durch die Einführung von zwei zusätzlichen Ebenen erweitert (siehe Bild 2.15.):

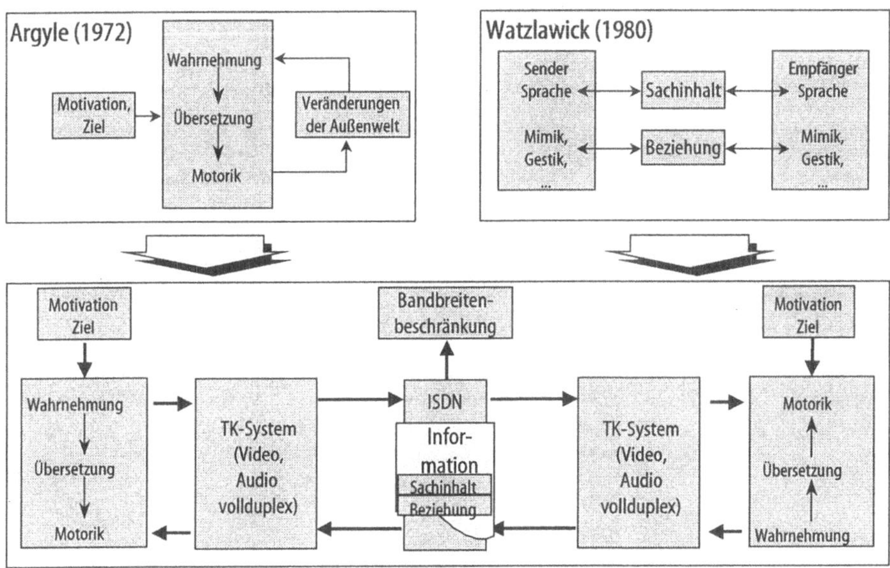


**Bild 2.14.** Integration der Modelle von ARGYLE und WATZLAWICK

- Der Unternehmenskontext: Unternehmensziele, Entwicklungsprojekte und davon abgeleitete Arbeitsprozesse haben genauso einen Einfluß auf die Kommunikation der Mitarbeiter wie die Örtlichkeiten zur Kommunikation und zur Verfügung stehende Systeme.
- Der gesellschaftliche Kontext: Aspekte, wie unterschiedliche Sprachen und Kulturen des Partners, spielen bei internationalen Entwicklungskooperationen eine Rolle. Eine andere oder fehlende WAN - Infrastruktur und deren Preisgestaltung kann ebenfalls Einfluß auf die Kommunikationsmöglichkeiten nehmen.

### 2.4.3 Kommunikationssituationen in der Produktentwicklung

Kommunikationsplan

Voraussetzung für die Strukturierung von SE-Projekten ist eine Transparenz über die bestehenden Abläufe der Produktentstehung. Ein im Rahmen des CONTACT-Projektes entwickeltes Hilfsmittel ist dabei der Kommunikationsplan, mit dessen Hilfe sich Kommunikationsbedarfe in unternehmensübergreifenden Entwicklungsprozessen ermitteln und transparent darstellen lassen (siehe Kap. 2.2.1.2).

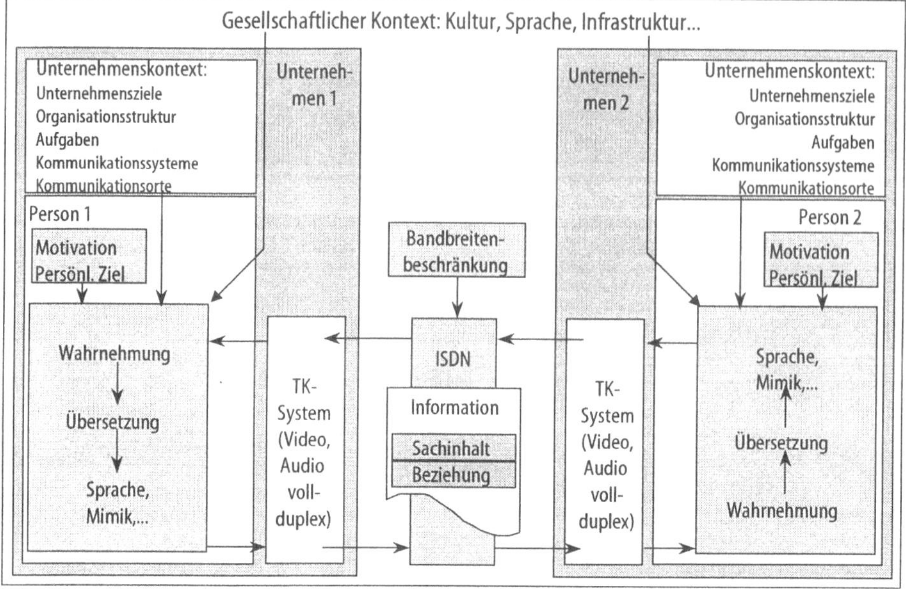


**Bild 2.15.** Kooperations- und Kommunikationsmodell für die verteilte Produktentwicklung

Typologie von Kommunikationsszenarien

Als Basis für die Gestaltung telekooperativ unterstützter Kommunikationssituationen muß im Kommunikationsplan die Art der jeweiligen Kommunikationsbeziehung charakterisiert werden. Dies erfolgt am besten mittels Kommunikationsszenarien, die sowohl im Rahmen der Beschreibung „normaler" als auch telekooperativ unterstützter Kommunikation verwendet werden können. Deren Grundlagen und Einsatzmöglichkeiten werden im folgenden beschrieben.

Kommunikationsszenarien können mittels struktureller (statischer) und verlaufsbezogener (dynamischer) Merkmale beschrieben werden. Zusätzlich sind ressourcenbezogene Merkmale notwendig, um die Art der eingesetzten Informationsträger beschreiben zu können. Grundlage für die Bestimmung der Merkmale sind neben dem Kommunikationsmodell aus Kapitel 2.4.2 und einer Literaturanalyse (bspw. TEUFEL et al. 1995, BORNSCHEIN-GRASS 1995) teilnehmende Beobachtungen im Rahmen des CONTACT-Projekts. Etwa 11 Stunden Sitzungsverläufe von unternehmensübergreifenden SE-Teams wurden per Video protokolliert und ausgewertet.

Morphologische Kästen zur Ableitung von Kommunikationsszenarien

Im Hinblick auf die Ableitung von Kommunikationsszenarien werden die strukturellen, durchführungsbezogenen und ressourcenbezogenen Merkmale und deren Ausprägungen in morphologischen Kästen dargestellt (siehe Tabellen 2.2.-2.4.).

Strukturelle Merkmale sind zum einen in Anlehnung an JOHANSEN (1988) die Kommunikationsorte und der zeitliche Verlauf der Kommunikation (synchron/asynchron). Diese hängen eng mit dem verwendeten Kommunikationsmittel zusammen, welches zudem je nach Aufgabenbezug standardmäßig oder außerplanmäßig eingesetzt wird. Zum anderen findet sich hier – abgeleitet aus dem Unternehmenskontext- die hierarchische Beziehung der Kommunikationspartner wieder (Tabelle 2.2.).

Durchführungsbezogene Merkmale beschreiben den Verlauf von Kommunikationsereignissen beginnend mit Merkmalen zu deren Geplantheit und Dringlichkeit über Merkmale zur Vorbereitung und Durchführung bis zur Dokumentation der Kommunikation (Tabelle 2.3.). Hier wird auch der Kommunikationsinhalt beschrieben, wobei zwischen Sach- und Beziehungsinhalt unterschieden wird (WATZLAWICK et al. 1980) und die Interaktion im Sinne von ARGYLE (1972).

Ressourcenbezogene Merkmale beinhalten zum einen die personalen Ressourcen, die im Verlauf einer Kommunikation eingesetzt werden. Bei der Ressource Sprache ist hierbei -abgeleitet aus dem gesellschaftlichen Kontext- eine Unterscheidung zwischen Mutter- und Fremdsprache notwendig, da die Sprache einen Einfluß auf die Wahl der Funktionalitäten von Telekooperationssystemen und deren Qualitäten hat. Zum anderen fällt die Repräsentationsform der sächlichen Ressourcen sowie deren Komplexität und Dynamik unter diese Merkmalskategorie. Beispielsweise fordern komplexe Ressourcen mit hoher Dynamik, die bei der Darstellung eines Montageproblems auftreten, eine hohe Übertragungsbandbreite bei der Systemwahl (Tabelle 2.4.).

Wesentliches Unterscheidungsmerkmal der Kommunikationsszenarien sind die in DUNCKEL et al. (1993) beschriebenen Stufen der Kommunikationserfordernisse. DUNCKEL unterscheidet sieben Stufen der Kommunikation mit internen Personen bzw. sechs Stufen der Kommunikation mit externen Personen.

**Tabelle 2.2.** Strukturelle Merkmale von Kommunikationsszenarien

| MERKMAL | AUSPRÄGUNGEN | | | | | |
|---|---|---|---|---|---|---|
| Ort | Arbeitsplatz | Bespre-chungsraum Bereich | Bespre-chungsraum Standort | zwei Standorte | mehrere Standorte | |
| Zeit | synchrone Kommunikation | | | asynchrone Kommunikation | | |
| Aufgabenbezug | schwach strukturierter Einzelfall | | | strukturierter Routinefall | | |
| Hierarchisches Verhältnis der Beteiligten | vertikal (Führungskraft – Mitarbeiter) | | horizontal (Mitarbeiter – Mitarbeiter) | | horizontal abhängig (Lieferant – Kunde) | |
| Kommunikationsmittel | Briefpost | Telefon/ Fax | Email/ DFÜ | Video-konferenz (VK) | VK + Applicati-on Sharing | --- (face-to-face) |

**Tabelle 2.3.** Durchführungsbezogene Merkmale von Kommunikationsszenarien

| MERKMAL | AUSPRÄGUNGEN | | | |
|---|---|---|---|---|
| Geplantheit | keine | geplanter Einzelfall | turnusmäßige Kommunikation | |
| Dringlichkeit | gering | mittel | hoch | |
| Vorbereitung | keine | spontan | organisiert | |
| Dauer | bis 5 min | bis 30 min | bis 2h | über 2h |
| Inhaltsseite | vorwiegend Sachinhalt | vorwiegend Beziehungsinhalt | Sach- und Beziehungsinhalt | |
| Vertraulichkeit | nicht notwendig | | notwendig | |
| Steuerung | Leitung (Moderator) | | Selbstorganisation | |
| Interaktion | keine | gering | mittel | hoch |
| Dokumentation | keine | erstellt und abrufbar (pull) | erstellt und versendet (push) | |

**Tabelle 2.4.** Ressourcenbezogene Merkmale von Kommunikationsszenarien

| MERKMAL | AUSPRÄGUNGEN | | | |
|---|---|---|---|---|
| personale Ressource | Sprache | Mimik/Gestik | Sprache Mimik/ Gestik | |
| Sprache | Muttersprache | | Fremdsprache | |
| sächliche Ressource | physisch vorliegend | | elektronisch vorliegend | |
| Ressourcendynamik | keine | gering | mittel | hoch |
| Ressourcenkomplexität | gering | mittel | hoch | |

Die Stufen der Kommunikation reichen von:

- „Kommunikation über die Ausführung vorgegebener Vorgehensweisen“ (Stufe 1) über die
- „Kommunikation über eine Entscheidung“ (Stufe 4) bis zur
- „Kommunikation über die Entwicklung neuartiger Vorgehensweisen“ (Stufe 7).

Bildung der vier Szenarien

Eine Unterscheidung zwischen interner und externer Kommunikation ist im Rahmen der Tele-Kooperation nicht notwendig. Die sechs bzw. sieben Stufen werden zur einfacheren Anwendbarkeit zu vier Stufen (Szenarien) zusammengefaßt (LUCZAK et al. 1997b). Tabelle 2.5. erläutert die vier Kommunikationsszenarien anhand einer typischen Kommunikationssituation: der Lösung eines konstruktiven Problems.

**Tabelle 2.5.** Erläuterung der Szenarien anhand der Lösung eines konstruktiven Problems

| Szenario | Beschreibung |
|---|---|
| Informieren | Weitergabe einer Mitteilung, bspw. Terminweitergabe. |
| Vorgehensweisen abstimmen | Kurze Problembeschreibung und Abstimmung einer (bekannten) Vorgehensweise. |
| Entscheidungen treffen | Diskussion und Auswahl einer komplexen Lösung aus Lösungsalternativen. |
| Problemdefinition und Lösungsentwicklung | Im Verlauf der Kommunikation werden Ideen bzw. Inhalte entwickelt und/oder völlig neue Lösungsansätze erarbeitet. |

Einsatz der Szenarien

Die Szenarien wurden bei der Erstellung von Kommunikationsplänen verwendet und von den Mitarbeitern als verständlich und ihre Kommunikationssituationen treffend beschreibend bewertet. Zudem konnten von den Mitarbeitern typische Kommunikationsprobleme an den Szenarien festgemacht werden. Als Kommunikationsprobleme wurden bspw. genannt:

- Information: Dateien kommen zu spät oder gar nicht an. Kommunikationspartner ist schlecht erreichbar.
- Abstimmung: Fehlende Dokumentation von Abstimmungen über Telefon.

- Entscheidung: Für eine Entscheidung relevante Informationen sind nicht oder nur in schlechter Qualität (bspw. Fax) verfügbar. Person mit Entscheidungsbefugnis fehlt.
- Problemdefinition und Lösungsentwicklung: Fehlende Interaktion zwischen den Partnern verhindert kreativen Prozeß. Für Interaktion ist aufwendige Dienstreise notwendig.

Die Kommunikationsmerkmale und -szenarien werden bei der Gestaltung telekooperativ unterstützter Kommunikationssituationen im Rahmen des Telekooperationskonzepts (Kap. 3.2.7) eingesetzt. In Tabelle 2.6. wird hierzu beispielhaft die Konzeption der Unterstützung eines Koordinationsgremiums dargestellt. Es wird angenommen, daß bisher 15 Teilnehmer vor Ort in einem deutschen Unternehmen regelmäßig tagten. Fünf von ihnen wechseln an einen amerikanischen Standort und müssen per Teleconferencing eingebunden werden. Anhand ausgewählter Kommunikationsmerkmale wird die neue Kommunikationssituation gestaltet.

**Tabelle 2.6.** Gestaltung eines Telekooperationsszenarios mittels der Kommunikationsmerkmale

| UNTERSTÜTZUNG EINES KOORDINATIONSGREMIUMS (Szenario: Entscheidungen treffen) | | |
|---|---|---|
| Merkmal | Ist-Szenario | Gestaltung des Telekooperationsszenarios |
| Ort | Besprechungsraum Bereich | Zwei Orte ⇒ auf beiden Seiten regelmäßige Systembuchung sicherstellen |
| Zeit | synchron | Zeitverschiebung beachten. Frühester Konferenztermin auf deutscher Seite: 13.00 Uhr |
| Vertraulichkeit | ja | Kommunikationsorte auf beiden Seiten müssen abgeschlossene Räume sein |
| Kommunikationsmittel | - (face-to-face) | Videokonferenzsystem für Großgruppen notwendig |
| Inhaltsseite | Sach-/ Beziehungsbezug | Sachbezug ⇒ Application Sharing von Dokumenten sicherstellen<br>Beziehungsbezug ⇒ hohe Bildqualität der Personen |
| Steuerung | Moderator | auf beiden Seiten je ein Moderator sinnvoll |
| Interaktion | hoch | Verwendung von sechs ISDN-Kanälen (384 Kbit/s) |
| personale Ressource | Sprache Mimik/Gestik | Schwenkbare Personenkamera notwendig |
| Sprache | Fremdsprache | Hochwertiger Audioalgorithmus zur Sicherstellung von 7,1 kHz Frequenzbandbreite notwendig, mehrere Tischmikrofone |

Typologie von Kommunikationssituationen

In den Tabellen 2.5. und 2.6. werden die Szenarien anhand der typischen Kommunikationssituationen „Problemlösung Konstruktion“ bzw. „Koordination“ beschrieben. Hilfreich bei der Analyse und Gestaltung von Kommunikation ist die Typisierung häufig auftretender Situationen. Typologien hierzu sind mehrfach beschrieben worden (vgl. PYE 1973; OTTO et al. 1986; PULLIG 1987; SCHLOHBACH 1989). Sie sind jedoch weder für Entwicklungskooperationen noch für die Einführung von Kommunikationstechnologien entwickelt worden. Die in Tabelle 2.7. dargestellte Typisierung von Kommunikationssituationen in der Entwicklungskooperation basiert daher zusätzlich auf teilnehmenden Beobachtungen aus CONTACT. Jede Situation enthält die vier Kommunikationsszenarien unterschiedlicher Komplexität.

**Tabelle 2.7.** Kommunikationssituationen verteilter Produktentwicklung

| Kommunikationssituation | Beschreibung |
|---|---|
| Verhandlung | Kommunikation über eine mögliche Zusammenarbeit, Vertragsverhandlungen; Kompromißsuche bei Kooperationsproblemen |
| Koordination | Kommunikation im Rahmen des Managements des verteilten Entwicklungsprojekts, bspw. Verteilung von Aufgaben zwischen den Partnern |
| Problemlösung Konstruktion | Kommunikationsereignisse während der Definition von Konstruktionsproblemen, Entwicklung und Auswahl von Lösungsalternativen und deren Umsetzung |
| Controlling | Bei Erreichung von Meilensteinen: Vorstellung und Bewertung von Ergebnissen, die ein Projektpartner erarbeitet hat |
| Wissensakquisition | Erlangen von (verteilt vorliegendem) Wissen, welches zur Erfüllung von Entwicklungsaufgaben benötigt wird |
| Soziale Kommunikation | Informelle Kommunikation und Kommunikation über gemeinsame private Interessen |

### 2.4.4 Anforderungen aus der Kommunikationssituation „Problemlösung Konstruktion“

Die „Problemlösung Konstruktion“ ist eine häufig auftretende, sehr komplexe Kommunikationssituation in der verteilten Produktentwicklung. Aufgrund ihrer herausragenden Stellung ist sie die Basis einer detaillierteren Betrachtung der Anforderungen aus Mitarbeitersicht anhand eines idealtypischen Beispielszenarios „Problemdefinition und Lösungsentwicklung". Es basiert auf der Auswertung von Videoaufnahmen und kann durch folgende Merkmale und deren Ausprägungen charakterisiert werden (siehe Tabellen 2.2. – 2.4.):

- Struktur: an einem Standort, synchron, keine Kommunikationstechnologien,
- Verlauf: geplant, mittelhohe Dringlichkeit, ohne Vorbereitung, Dauer bis 30 min., vorwiegend Sachinhalt, hohe Interaktivität,
- Ressourcen: mittelhohe Ressourcenkomplexität, hohe Ressourcendynamik.

Gegenstand der Kommunikation in diesem Beispielszenario ist ein Lüftungskanal aus Kunststoff. Die Problemstellung besteht in einer Konturänderung des Lüftungskanals, da sonst eine Kollision mit einem anderen Bauteil auftritt. Beide Objekte liegen noch nicht in physischer Form, sondern nur als CAD-Modelle vor. Es nehmen drei Personen an der Kommunikation teil: Ein Mitarbeiter vom Zulieferer (Z), ein Mitarbeiter vom Hersteller (H), sowie ein Mitarbeiter eines beteiligten Ingenieurbüros (I). I ist für die Generierung der Flächen des CAD-Modells verantwortlich.

Zunächst findet die Kommunikation zwischen dem Herstellermitarbeiter und dem Mitarbeiter des Ingenieurbüros statt, wobei an einem Plot eines Konturschnitts des Kanals diskutiert wird. Z schaltet sich nach einiger Zeit in die Kommunikation ein und macht auf einen Entformungswinkel aufmerksam, der später bei der Fertigung des Objekts mindestens eingehalten werden muß.

Verwendung von Gestik, Skizzen und CAD-Modellen

Zur Verdeutlichung erstellt Z nebenbei auf einem DIN-A4 Blatt eine Skizze, die anschließend diskutiert, erweitert und durch weitere Skizzen ergänzt wird. Am Ende des ca. zwanzigminütigen Gesprächs befinden sich fünf Skizzen unterschiedlicher Größen auf dem Papier. Die Kommunikationspartner deuten während des Gesprächs häufig Konturen, Verlaufsformen und Entformungsprozesse an der Problemstelle des Kanals mittels Gestik an, da dieser noch nicht physisch existiert.

Da der Plot und die Skizzen nicht alle notwendigen Informationen enthalten, wird zum Ende der Sitzung das betreffende CAD-Modell am Computer aufgerufen und von den Teilnehmern erörtert. Dabei werden Problembereiche sowohl mit Fingern als auch mittels Cursorposition angedeutet.

Das Drehen und Zoomen des Modells wird vom Arbeitsplatzinhaber vorgenommen. Während der Kommunikation wird abgestimmt, welche Änderungen am CAD-Modell zur Lösung der Problemstellung durchzuführen sind. Während der Kommunikation werden keine Änderungen am CAD-Modell vorgenommen.

Das Szenario verdeutlicht die herausragende Rolle der Visualisierung sowohl bestimmter Konstruktionsstände als auch angedachter Problemlösungen. Offensichtlich sind die normalerweise in der Entwicklungskooperation vorhandenen Möglichkeiten zur Telekommunikation wie Telefon und Telefax hierfür nur bedingt geeignet.

Anforderungen an Telekooperationssysteme

Die Beobachtungen ergeben, daß sich aus der persönlichen Kommunikation von Konstrukteuren im Hinblick auf die Auswahl eines Telekooperationssystems die nachfolgend genannten Kommunikationsaspekte differenzieren lassen. Diese müssen parallel oder in schnellem Wechsel unterstützt werden, um möglichst ungestört arbeiten zu können.

Skizzieren

Beim Skizzieren im Anwendungsfall können folgende Formen unterschieden werden:

- Die allein erstellte Skizze, bei der sich der Zeichner zur Erstellung für einen Moment von der Kommunikation zurückzieht (offline-Erstellung).
- Die gemeinsam erstellte Skizze, bei der mehrere Kommunikationspartner gleichzeitig auf einem Blatt mit mehreren Stiften arbeiten (online-Erstellung).
- Die Visualisierungsskizze, deren Inhalt allein die visuelle Darstellung eines bestehenden Objekts ist.
- Die Ideenskizze, mit der ein neuer Aspekt dargestellt wird.

Plot eines CAD-Modells verwenden

Die Verwendung eines Plots statt des CAD-Modells zur Visualisierung findet unter folgenden Voraussetzungen statt:

- Wenn das zu betrachtende Objekt zu groß ist, bzw. häufig zwischen entfernten Teilausschnitten gewechselt werden muß.

- Wenn der Plot (bspw. in einer vorherigen Kommunikation) mit handschriftlichen Anmerkungen oder Skizzen versehen wurde.

Gestik einsetzen

Mit Gestiken werden sowohl statische Kommunikationsinhalte angedeutet, wie bspw. Konturen, als auch dynamische Inhalte, wie bspw. ein Entformungsprozeß. Von den Beteiligten wird die Häufigkeit und Intensität der eigenen Gestik wesentlich geringer eingeschätzt, als sie tatsächlich auftritt.

CAD-Modelle heranziehen

CAD-Modelle werden zur Visualisierung von Projektständen und Problemzonen herangezogen. Änderungen am CAD-Modell werden im Beisein anderer Personen von den Konstrukteuren häufig als unangenehm empfunden, da jeder eine andere Vorgehensweise bei der Handhabung des CAD-Programmes bevorzugt und dabei nicht beobachtet werden will.

Visualisierung von Objekten

Liegt im Rahmen eines Konstruktionsproblems noch kein physisches Modell des betreffenden Objekts vor, ist die Vermittlung einer Lösung an andere, insbesondere Nicht-Konstrukteure (wie Stylisten) mittels verbaler Beschreibung, Skizzen oder Gestik besonders schwierig. Liegt hingegen ein physisches Objekt wie ein Bauteil, eine Baugruppe oder ein Prototyp vor, so werden konstruktive oder fertigungstechnische Probleme vorzugsweise direkt an diesen Körpern verdeutlicht. Diese Vorgehensweise erfordert in praxi jedoch meist einen Wechsel der Örtlichkeiten bzw. Räumlichkeiten (bspw. bei einem Automobilprototypen in die Werkstatt) oder die Verabredung eines neuen Termins vor Ort.

### 2.4.5 Zuordnung von Systemkomponenten

Komponenten eines Telekooperationssystems für Konstrukteure

Durch die Analyse wurden folgende informationstechnische Komponenten eines angemessenen Telekooperationssystems in der Reihenfolge ihres potentiellen Nutzens für die tägliche Arbeit der Konstrukteure identifiziert:

- Gemeinsam nutzbare CAD-Komponente,
- Gemeinsam nutzbarer elektronischer Skizzenblock,
- Videokomponente für die Visualisierung von Gestik und Mimik des Partners,
- Scanner-Komponente zur Visualisierung von Plots und Schriftstücken und
- Videokomponente für die Visualisierung von physischen Objekten

Diese Komponenten sollten sich nach Möglichkeit in der Nähe des Arbeitsplatzes befinden und je nach Bedarf in einer Kommunikation zu- und abschaltbar bzw. in der Erscheinungsgröße auf dem Bildschirm variierbar sein.

Gemeinsam nutzbare CAD-Komponente

Die wesentliche Anforderung an eine gemeinsam nutzbare CAD-Komponente ist die abbildungsgetreue Visualisierung von CAD-Modellen. Programmoptionen wie Zoomen, Drehen, Ein- und Ausblendung von Layern etc. müssen für alle Teilnehmer transparent dargestellt werden. Eine Möglichkeit zur direkten Änderung des Datenmodells ist jedoch nicht nötig.

Als technische Unterstützungsfunktion im Rahmen eingesetzter Telekooperationssysteme ist einerseits Shared Application geeignet (siehe Kap. 2.3.1). Es ist jedoch nicht notwendig, gemeinsam Änderungen am CAD-Modell vornehmen zu können. So werden, wie bereits im vorherigen Punkt erläutert, Online-Änderungen gemeinsam mit Partnern im CAD-Modell häufig als eher störend empfunden. Daher kommt als Funktionalität auch das Shared Whiteboard zur Visualisierung des CAD-Modells in Frage, wenn verschiedene Ansichten darin abgelegt werden. Darüber hinaus werden seit neuestem auch „3D-Whiteboards" angeboten, die statt einer Pixelgraphik eine Vektorgraphik verarbeiten und ebenfalls einfache (dreidimensionale) Zeichenfunktionen erlauben. Es steht auch hier nicht das funktionale CA-Modell zur Verfügung, sondern nur ein visuelles Abbild, mit dem jedoch alle Visualisierungsoperationen (Drehen, Zoomen, etc.) wie am Original-CA-Modell durchgeführt werden können.

Gemeinsam nutzbarer elektronischer Skizzenblock

Der gemeinsam nutzbare elektronische Skizzenblock sollte den Konstrukteuren eine natürliche Skizziermöglichkeit bieten. Um möglichst abbildungsgetreu zu arbeiten, sollten elektronische Pads und Stifte eingesetzt werden. Beim gemeinsamen Skizzieren müssen die Zeichenbewegungen des einzelnen durch unterschiedliche Farben gekennzeichnet sein. Es muß erkennbar bleiben, welche Zeichnungselemente von welchem Teilnehmer stammen. Unterschiedliche Strichstärken sollten durch unterschiedlichen Stiftdruck möglich sein. Als technische Unterstützungsfunktion von Telekooperationssystemen kann das Shared Whiteboard zugeordnet werden.

Videokomponente für die Visualisierung von Gestik und Mimik des Partners

Mimik und insbesondere Gestik der Kommunikationspartner müssen bei der Erörterung konstruktiver Probleme gut erkennbar sein. Ferner müssen mehrere Teilnehmer in eine Sitzung eingebunden werden können.

Als Funktionalität läßt sich das Videoconferencing zuordnen. Ein geeignetes Videokonferenzsystem muß eine ausreichende Bildauflösung und Wiederholfrequenz bieten, um Details bzw. schnelle Bewegungen darstellen zu können. Daher ist eine adäquate Bandbreite des eingesetzten Kommunikationsnetzes erforderlich.

Scanner-Komponente zur Visualisierung von Plots und Schriftstücken

Dokumente, die nicht in elektronischer Form vorliegen, müssen den Kommunikationspartnern bei Bedarf schnell dargestellt werden können. Dies gilt bspw. für mit Anmerkungen versehene Plots. Hierfür eignet sich ein an jedem Telekooperationsplatz installierter Handscanner mit DIN-A4 Lesebreite zur Digitalisierung der Dokumentausschnitte. Mit Bezug auf Funktionalitäten von Telekooperationssystemen handelt es sich um eine Erweiterung des Shared Whiteboard im Sinne der gemeinsamen Darstellungsmöglichkeit.

Videokomponente für die Visualisierung von physischen Objekten

Ein separates Bildschirmfenster sollte der Visualisierung von Problembereichen physischer Objekte, wie bspw. Baugruppen oder Modelle dienen. Diese Objekte befinden sich jedoch nicht immer in der Nähe des Arbeitsplatzes. Zu diesem Zweck muß nicht nur in der Konstruktionsabteilung, sondern auch am Ort des diskutierten Objekts (bspw. im Prototypenbau) eine Konferenzeinrichtung vorhanden sein. Besondere Anforderungen an die Benutzbarkeit ergeben sich beim Einsatz im Werkstattbereich, bspw. durch die dort herrschenden akustischen Verhältnisse.

# 3 Erfolgreiche Einführung von Telekooperation

Erfahrungen mit der Einführung neuer Technologien, insbesondere der CAD-Technologie, haben in der Vergangenheit gezeigt, daß es besondere Einflußfaktoren gibt, die über den Erfolg einer Einführung entscheiden. Sind diese Einflußfaktoren schon im vorhinein bekannt, kann mit gezielten Maßnahmen der Erfolg der Einführung (in diesem Fall von Telekooperation) durch das Unternehmen gesteuert werden. Bei der Einführung selbst empfiehlt es sich, einen partizipativen Ansatz zu verfolgen, bei dem die späteren Anwender schon frühzeitig, d.h. bereits bei der Definition der Anforderungen und der Systemkonzeption, beteiligt sind. Nur so läßt sich auch eine erfolgreiche Anwendung und damit auch organisatorische Entwicklung realisieren.

## 3.1 Einflußfaktoren auf die Telekooperation

Nicht alle Einflußfaktoren lassen sich gleichermaßen durch das Unternehmen bzw. die handelnden Personen beeinflussen. Daher ist es besonders wichtig zu wissen, welche Einflußfaktoren unmittelbar zum Erfolg von Telekooperation beitragen und gleichzeitig durch gezielte Maßnahmen beeinflußt werden können.

Methode zur Bestimmung von Einflußfaktoren

Die Bestimmung der Einflußfaktoren kann durch die Analyse unterschiedlicher Informationsquellen erfolgen. So wird bspw. in der Literatur auf verschiedene Faktoren wie Akzeptanz und Motivation verwiesen, die bei der Einführung neuer Bürokommunikationssysteme zu berücksichtigen sind (Herzog 1994). Wichtige Informationsquellen sind auch Experteninterviews in den betroffenen Unternehmen sowie Analogieschlüsse zu vorausgegangenen Einführungsprojekten bzgl. anderer Informations- und Kommunikationstechnologien. Erfolgsversprechend sind dabei Analysen von unternehmensspezifischen Erfahrungen bei der Implementierung von CAD-Systemen, da sich hierbei im gleichen Gegenstandsbereich von 10-20 Jahren eine Technologieumsetzung im Bereich der Arbeitsmittel durchgesetzt hat.

Die Erfassung der Einflußfaktoren geschieht am effizientesten mit Experteninterviews. Bei der Durchführung von Experteninterviews ist darauf zu achten, daß Vertreter aller relevanten Personengruppen im Unternehmen zu den möglichen Auswirkungen von Telekooperation befragt werden. Neben den potentiellen Telekooperationsanwendern und verantwortlichen Entscheidern sind dies insbesondere Spezialisten aus den Service- und Supportbereichen. Diese weisen sowohl Kenntnisse über die technischen und organisatorischen Voraussetzungen von Telekooperation als auch Fähigkeiten im praktischen Umgang mit den Systemen auf. Durch ihre Support- und Serviceaufgaben verfügen sie über wertvolle Informationen über betriebliche Einsatzmöglichkeiten von Telekooperation.

Klassifizierung der Einflußfaktoren

Zur Ableitung von Maßnahmen bietet sich eine Klassifizierung der Einflußfaktoren nach zwei Gesichtspunkten an. Zum einen dient die Einteilung in die Klassen „Mensch“, „Technik“ und „Organisation“ der Auswahl geeigneter Maßnahmen (Bild 3.1.). Die dargestellten Einflußgrößen sind im Rahmen der Projekte CONTACT und TELEF ermittelt worden.

Zum anderen erweist sich eine Einteilung hinsichtlich der Beeinflußbarkeit der Faktoren durch externe Maßnahmen und ihres Beitrages zum Erfolg der Einführung als sinnvoll. Hierbei können die Einflußgrößen unterschieden werden in „exogene Faktoren“, „Hygienefaktoren“ und „Erfolgsfaktoren“ (LUCZAK 1996, EVERSHEIM 1996A, WOLF et al. 1996). Diese Einteilung soll nachfolgend detailliert beschrieben werden (Bild 3.2.).

### 3.1.1 Exogene Faktoren

Exogene Faktoren sind durch das betriebliche Umfeld des Unternehmens, das Telekooperation einführen will, oder seiner Kooperationsbeziehungen zu externen Partnerunternehmen fest vorgegeben.

**Bild 3.1.** Einflußfaktoren auf die Telekooperation

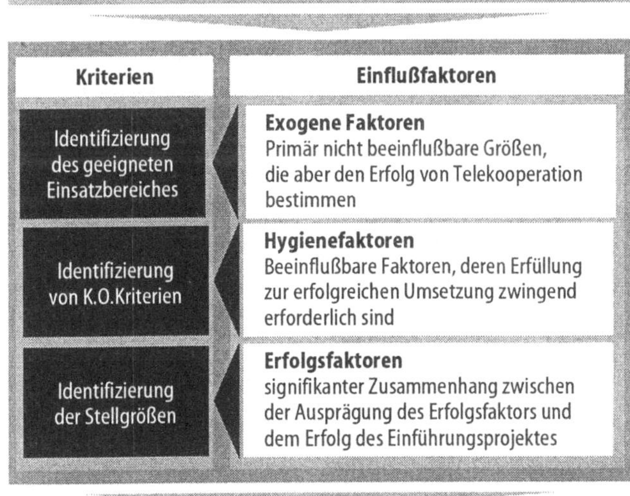


**Bild 3.2.** Beeinflußbarkeit der Einflußgrößen

Diese Faktoren können im Rahmen eines Einführungsprojektes nicht direkt beeinflußt werden. Sie geben allerdings Aufschluß über geeignete Einsatzgebiete der Telekooperationstechnologien und haben damit einen wesentlichen Einfluß auf die grundsätzliche Entscheidung, Telekooperation einzuführen, und auf die Auswahl geeigneter Pilotprojekte.

Exogene personenbezogene Faktoren

Aus der Gruppe der personenbezogenen Einflußgrößen ist insbesondere die Persönlichkeit der einzelnen Mitarbeiter im betroffenen Unternehmensbereich bei der Auswahl der zukünftigen Telekooperationsanwender zu berücksichtigen. Hierzu zählen ihre Fähigkeit, kooperativ im Team zu arbeiten oder ihre evtl. vorhandenen Hemmungen im Umgang mit neuen Technologien.

Des weiteren ist zu prüfen, ob die potentiellen Anwender eine aufgeschlossene Haltung gegenüber betrieblichen Veränderungsprozessen einnehmen, um die Telekooperationseinführung nicht durch einen Mangel an persönlicher Flexibilität scheitern zu lassen. Darüberhinaus gibt es häufig Mitarbeiter, die als Mediatoren die Innovationen selbst nutzen und dadurch zu einer schnellen Verbreitung (Vorführung, Nutzen wird direkt erkenn- und erfahrbar) sorgen können.

Exogene organisatorische Faktoren

Aus organisatorischer Sicht können durch genaue Analysen der Projektlandschaften im Unternehmen geeignete Einsatzfelder für Telekooperation identifiziert werden. Hierbei ist ggf. ein notwendiges Reengineering der Abläufe zu berücksichtigen. Aber auch die Untersuchung der technischen Inhalte der einzelnen Entwicklungsprojekte gibt Aufschluß darüber, ob die Kommunikationsprozesse ein Mindestmaß an Interaktivität besitzen, und damit die Einführung von Telekooperation rechtfertigen.

### 3.1.2 Hygienefaktoren

K.O.-Faktoren

Hygienefaktoren beschreiben Einflußgrößen, deren Erfüllung vom Anwender nicht besonders wahrgenommen wird. Die Telekooperationsanwender setzen die Existenz dieser Einflußgrößen quasi voraus und empfinden sie als selbstverständlich. Sollten diese Faktoren dagegen nicht erfüllt sein, führen sie zu einer Ablehnung seitens der Anwender und damit zu einem Mißerfolg der Telekooperationsumsetzung. Somit können Hygienefaktoren direkt zur Bestimmung von K.O.-

Faktoren bei einer Einführung von Telekooperation herangezogen werden.

Technikbezogene Einflußfaktoren

Ein typischer Hygienefaktor ist bspw. das Kriterium Antwortzeitverhalten bei der Einführung von EDV-Systemen. Eine Übererfüllung dieses Kriteriums, das heißt ein besseres Antwortzeitverhalten als vom Benutzer erwartet, führt im allgemeinen zu keiner nennenswerten Akzeptanzsteigerung.

Im Gegenteil, der Anwender gewöhnt sich schnell an die gebotene Systemperformance und setzt sie auch bei allen anderen vom ihm benutzten Systemen als neuen Standard voraus. Fällt das Antwortzeitverhalten dagegen schlechter aus als erwartet, wird dies vom Anwender nicht akzeptiert, und er lehnt die Arbeit mit dem System ab.

Angesichts der im Rahmen der durchgeführten Einführungsprojekte gesammelten Erfahrungen können technikbezogene Einflußfaktoren durchgängig als Hygienefaktoren klassifiziert werden (Bild 3.3.).

Ergonomie

Die Einflußgröße Ergonomie entspricht der zur Verfügung gestellten benutzergerechten Systemgestaltung. Die Technik muß an die Benutzer angepaßt sein und die Arbeit des Anwenders erleichtern. Dazu sollten die Systeme vor allem Bedienungskomfort, Systemflexibilität und hohe Qualität bei Bild- und Tonübertragungen aufweisen.

Kompatibilität

Die Interoperabilität der Systeme ist gegeben, wenn Daten mit anderen Systemen unabhängig von den jeweiligen Systemspezifikationen ausgetauscht werden können. Hierzu ist es notwendig, daß es national und international gültige Vereinbarungen über einzuhaltende Standards bspw. zum Verbindungsaufbau und zur Datenübertragung gibt. Bei Konferenzen sollte idealerweise auf Basis dieser Standards ein automatischer Abgleich mit dem System des jeweiligen Kommunikationspartners erfolgen.

Die Interoperabilität der Systeme muß auch ländergrenzenübergreifend sichergestellt werden, da internationale Unternehmenskooperationen unterstützt werden müssen. Auch muß Interoperabilität für den Datenaustausch zwischen Rechnern unabhängig von unterschiedlichen Betriebssystemen gewährleistet werden.

**Ergonomie**
- Bedienungskomfort
- Systemflexibilität
- Bild-/Tonqualität

**Kompatibilität**
- Unterstützung von Standards
- Interoperabilität
- Internationalität

**Funktionalität**
- Anbindung an gängige Software
- Synchrone / Asynchrone Kommunikation
- Videokonferenz / Datenkonferenz
- Nutzung bestehender Hardwarekomponenten
- Stationär / Mobil

**Technische Leistungsfähigkeit als K.O.-Kriterium**

**Stabilität**
- Robustheit
- Zuverlässigkeit

**Sicherheit**
- Datenschutz
- Datensicherheit

**Leistungsfähigkeit**
- Kompressionsalgorithmen
- Netzbandbreite

**Infrastruktur**
- Informationsnetz
- Stromnetz

**Bild 3.3.** Hygienefaktoren von Telekooperation

Funktionalität

Unter der Systemfunktionalität wird die Gesamtheit aller Funktionen, mit denen Objekte in einem System verändert werden können, bezeichnet. Dies sind bei Telekooperationssystemen bspw. die Unterstützung der verschiedenen Arten von Kommunikationsformen. Zur funktionalen Gestaltung zählen ebenfalls die Möglichkeit des Anschlusses von speziellen Peripheriegeräten und die Mobilität der Systeme.

Stabilität

Die Stabilität der Technik charakterisiert den Grad der Zuverlässigkeit der Systeme. Betriebsausfälle infolge von Hard- oder Softwarefehlern sind Kennzeichen einer instabilen Technik.

Sicherheit

Die Systemsicherheit stellt einen bedeutenden K.O.-Faktor dar, da die im Unternehmen anfallenden Daten sowohl für Konkurrenten als auch für das Unternehmen selber von überlebenswichtiger Bedeutung sind. Durch die eingesetzte Technik muß ein Schutz vor Datenverlusten oder unerlaubtem Zugriff realisiert werden.

Leistungsfähigkeit

Ein weiterer technischer Hygienefaktor ist die Systemperformance, die die Leistungsfähigkeit der Systeme zur Verarbeitung und Übertragung von Informationen charakterisiert. Für die Performance des Systems ist die Geschwindigkeit von Hard- und Software wesentlich. Darunter fällt auch die Geschwindigkeit, mit der Kommunikationsdaten über ein Netzwerk ausgetauscht werden können. Wesentliche Charakteristika dafür sind die zur Verfügung stehende Netzbandbreite sowie die Leistungsfähigkeit der Kompressionsalgorithmen.

Infrastruktur

Unter dem Begriff Infrastruktur werden Kriterien, wie der Zugang zu einem Informationsnetz und die sichere Energieversorgung zusammengefaßt. Mögliche Informationsnetze, die zur Telekooperation genutzt werden können, sind die verschiedenen öffentlichen Telefonnetze oder spezielle unternehmensinterne und -externe Datennetze (LAN/WAN).

Alle wesentlichen technischen Einflußgrößen sind als Hygienefaktoren klassifiziert. Dies verdeutlicht, daß der gezielten Vorbereitung der Technikeinführung eine wesentliche Bedeutung für den Erfolg der Telekooperationseinführung zugestanden werden muß.

### 3.1.3 Erfolgsfaktoren

Erfolgsfaktoren sind Einflußgrößen, die unmittelbar zum Erfolg der Telekooperationseinführung beitragen. Es besteht ein signifikanter Zusammenhang zwischen deren Erfüllungsgrad und dem Erfolg der Telekooperation.

Insbesondere personenbezogene und organisatorische Einflußgrößen können als Erfolgsfaktoren für Telekooperation betrachtet werden. Wegen der hohen Interdependenz zwischen den einzelnen Faktoren und um eine Konzentration auf die wesentlichen Einflußgrößen zu ermöglichen, ist die Identifikation der sogenannten „kritischen Erfolgsfaktoren" von zentraler Bedeutung für die gezielte Ableitung von Optimierungsmaßnahmen.

Anwenderbezogene Erfolgsfaktoren

Die Erfolgsfaktoren Qualifikation, Akzeptanz und Motivation zielen auf den Anwender im jeweiligen Einsatzbereich von Telekooperation ab (Bild 3.4.).

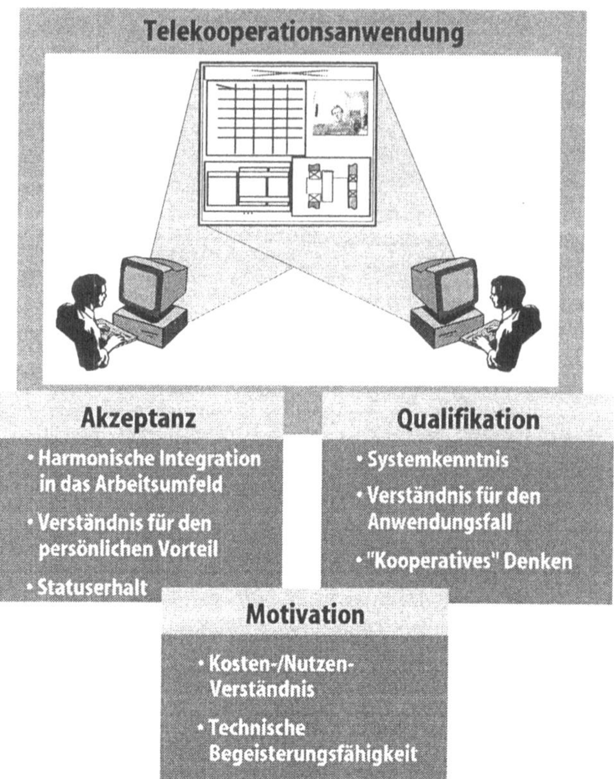


**Bild 3.4.** Anwenderbezogene Erfolgsfaktoren

Qualifikation

Die Qualifikation der Anwender ist entscheidend für die durch Telekooperation erzielbare Effizienzsteigerung. Das Arbeiten mit Telekooperationssystemen verlangt von dem Anwender nicht nur gute Kenntnisse der Systemfunktionalitäten, sondern auch Verständnis für den jeweiligen Anwendungsfall und kooperatives Denken. Eine Telekonferenz muß bspw. anders vorbereitet werden als ein persönliches Arbeitstreffen, selbst wenn eine gleiche Zielsetzung verfolgt wird. Dies bedeutet für den Anwender, daß er neue Arbeitsweisen erlernen und trainieren muß. Dabei muß er Erfahrung sammeln, welche Probleme in einer Telekonferenz gelöst werden können und wann es auch weiterhin angebracht ist, ein persönliches Treffen zu vereinbaren (siehe auch Kap. 3.2.10).

Akzeptanz

Eine hohe Akzeptanz der Telekooperation steigert den Nutzungsgrad der Telekooperationssysteme und ermöglicht eine Intensivierung der Kooperation. Durch eine hohe Akzeptanz in der Einführungsphase können die Potentiale von Telekooperation schneller erschlossen und Einführungskosten gesenkt werden.

Die Integration der Telekooperationssysteme in die gewohnte Arbeitsumgebung der Anwender beeinflußt die Akzeptanz positiv. Für die Akzeptanz ist entscheidend, daß der Anwender für sich einen persönlichen Vorteil, bspw. einen persönlichen Zeitgewinn, sieht. Ein durch den Systemeinsatz bedingter Imagegewinn im Unternehmen fördert im allgemeinen die Akzeptanz zusätzlich.

Motivation

Die Motivation der Anwender hat eine ähnliche Wirkung auf den Erfolg von Telekooperation wie die Akzeptanz. Durch eine hohe Motivation werden die Häufigkeit und die Intensität des Einsatzes von Telekooperation verstärkt. Insbesondere durch eine intrinsische, d. h. innere Motivation der Anwender durch Anwendungsnutzen in bezug auf gewonnene Zeitspielräume, Vermeidung von Reiseaufwänden etc. kann der Erfolg der Telekooperation verbessert werden, da diese ohne zusätzliche externe Anreize zu verstärktem Einsatz der Telekooperationstechnologie führt. Dabei auftretende Probleme oder Schwierigkeiten werden infolge der intrinsischen Motivation von den Anwendern als Herausforderung angesehen und ohne zusätzliche Anreize gelöst (zur Motivation vgl. LUCZAK und VOLPERT 1997).

Organisatorische Erfolgsfaktoren

Die organisatorischen Erfolgsfaktoren können den Klassen Anwenderorganisation, Projektorganisation und Support-Organisation zugeordnet werden (Bild 3.5.).

Anwenderorganisation

Die Anwenderorganisation bezeichnet in diesem Zusammenhang die Art und Weise, in der in den einzelnen an der Telekooperation beteiligten Unternehmensbereichen der Technologieeinsatz gestaltet ist, und wird im wesentlichen durch die Aufbauorganisation der Unternehmen bestimmt. Ein Erfolgsfaktor der Anwenderorganisation ist der Bekanntheitsgrad von Telekooperationstechnologie im Unternehmen. Eine hohe Bekanntheit der Technologie stimuliert die Nachfrage der Anwender, beschleunigt dadurch die Einführung und verstärkt die Nutzung der Systeme. Insbesondere kann durch den gezielten Einsatz von Mediatoren oder Promotoren (siehe Kap. 3.2.1) die Bekanntheit der Technologie so weit erhöht werden, daß die Einführung von Telekooperation durch die Nachfrage der Anwender ausgelöst wird und nicht gemäß der Planung erfolgen muß.

**Bild 3.5.** Organisatorische Erfolgsfaktoren von Telekooperation

Systemverfügbarkeit

Die Verfügbarkeit/ Zugänglichkeit der Systeme, die von der Anzahl und der räumlichen Verteilung abhängt, ist ebenfalls ein Erfolgsfaktor von Telekooperation. Durch gute Zugänglichkeit, wie sie bei einer Kombination aus Arbeitsplatzsystemen und Systempools vorliegt, können die Häufigkeit und die Intensität der Nutzung der Telekooperationssysteme erhöht werden. Durch zu große Entfernungen der Systeme vom Arbeitsplatz der Anwender oder durch evtl. erforderliche organisatorische Vorbereitungen, wie bspw. eine vorherige Systemreservierung, wird die spontane Nutzung der Systeme erschwert bis verhindert und somit die Nutzbarkeit der Telekooperationssysteme gesenkt.

Management-Guidance

Die hier als Management-Guidance bezeichnete Unterstützung von Telekooperation durch das Management ist ein zentraler Erfolgsfaktor. Für den Erfolg ist die klare und eindeutige Bekenntnis des Managements zur Telekooperation und die Bereitschaft des Managements, die Technologie auch selber zu nutzen, bedeutend. Ursache für die Vorbildfunktion des Managements ist neben der hierarchischen Position (Machtpromotor) auch die strategische Bedeutung der Arbeit des Managements. Aus diesen Gründen ist die Einführung von Telekooperation ohne eine breite Unterstützung des Managements zum Scheitern verurteilt.

Migrationsgeschwindigkeit

Die Migrationsgeschwindigkeit bezeichnet die Geschwindigkeit, mit der die Telekooperationstechnologie im Unternehmen eingeführt wird. Durch die Migrationsgeschwindigkeit wird u. a. die Dauer, bis eine „kritische Masse" an eingesetzten Telekooperationssystemen und damit ein ausreichender Grad an Kommunikationsbeziehungen mit Telekooperationsunterstützung überschritten wird, determiniert. Im Bereich unter der kritischen Masse überwiegen die Aufwendungen für die Technologieeinführung die Erträge, so daß sich ein Mißerfolg ergibt. Je länger eine Einführung von Telekooperation dauert, desto später ergibt sich ein Erfolg durch Telekooperation.

Flexibilität

Weitere Erfolgsfaktoren aus dem Bereich der Anwenderorganisation sind die Flexibilität der Organisation und die Transparenz evtl. erforderlicher organisatorischer Maßnahmen. Infolge der Einführung der neuen Technologie wird jede organisatorische Einheit in die Restrukturierung miteinbezogen. Je schneller und besser die Organisation einen solchen Prozeß vollziehen kann, desto erfolgreicher wird sie später beim Einsatz der Technologie sein. Auch kann durch eine hohe Flexibilität der Organisation eine leichtere und somit erfolgreichere Anpassung der Organisation an veränderte Umweltbedingungen erfolgen. Zu diesen Umweltbedingungen zählt auch der Kooperationspartner, der in die Restrukturierungsmaßnahmen einbezogen werden muß.

Transparenz

Unter der Transparenz der organisatorischen Abläufe wird verstanden, daß die Gründe und Ziele von organisatorischen Maßnahmen auch von anderen Personen, insbesondere den Anwendern der neuen Technologie, eindeutig und klar nachzuvollziehen sind. Dieser Erfolgsfaktor führt zum einen über die erhöhte Akzeptanz der Organisationsform zu einem größeren Erfolg von Telekooperation. Zum anderen besteht die

Möglichkeit, daß durch die Transparenz der Abläufe das Know-how der Mitarbeiter zur Optimierung betrieblicher Prozesse genutzt werden kann.

Projektorganisation

Die Projektorganisation charakterisiert die Form der kooperativen unternehmensübergreifenden Zusammenarbeit, innerhalb derer Telekooperation eingeführt werden soll. Eine wesentliche Grundlage hierbei ist das kooperative Verständnis der Partner, welches durch die Kriterien von Piepenburg (1991) beschrieben wird (siehe Kap. 2.2.2).

Ein hohes kooperatives Verständnis ist die Basis für eine unternehmensübergreifende telekooperative Prozeßgestaltung. Die Ablauforganisation bei den Kooperationspartnern wird so gestaltet, daß die Potentiale von Telekooperation bestmöglich genutzt werden können. Durch eine ungenügende Anpassung an die neue Technologie werden ineffiziente Prozesse beibehalten, die wiederum den Erfolg der Telekooperation beeinträchtigen können.

Wichtig im Rahmen der Projektorganisation ist auch die Transparenz des Kosten-/ Nutzenverhältnisses als ein Indikator des Projekterfolgs. Ist diese Transparenz nicht gewährleistet, so werden erforderliche Investitionen gehemmt und organisatorische Anpassungsprozesse im Rahmen des kooperativen Entwicklungsprojektes nur unzureichend durchgeführt.

Supportorganisation

Die Supportorganisation umfaßt die Art und Weise, wie Telekooperation eingeführt (siehe Kap. 3.2) und die Betreuung der Anwender und der Telekooperationssysteme realisiert wird. Einführung und Betrieb von Telekooperationssystemen erfordern ein hohes Maß an Kompetenz. Diese Kompetenz erstreckt sich auf unterschiedlichste technische, organisatorische und personenbezogene Disziplinen. Für den Erfolg von Telekooperation ist entscheidend, daß es gelingt, das erforderliche Fachwissen organisatorisch zusammenzuführen und unternehmensübergreifend verfügbar zu machen.

Bezogen auf den Support der Telekooperationssysteme bedeutet dies, daß bei einem Systemfehler entsprechendes technisches Know-how an allen Standorten vorhanden sein muß. Die Reaktionszeit darf dabei nicht zu lang ausfallen, da sonst die Akzeptanz und Motivation der Anwender nicht sichergestellt werden kann.

Die jeweiligen Ausprägungsgrade der Erfolgsfaktoren können kontinuierlich überprüft und als Eingangsgröße für die gezielte Ableitung von Optimierungsmaßnahmen herangezogen werden (SCHNEIDER 1990). Die Überprüfung der Ausprägungsgrade kann prinzipiell über beschreibende Kenngrößen ermittelt werden. So kann bspw. die Kenngröße „Management-Guidance" über den Quotient aus der Anzahl der Führungskräfte, die Telekooperationstechnik in ihrem eigenen Arbeitsbereich nutzen, und der Gesamtanzahl von Führungskräften im untersuchten Unternehmensbereich ermittelt werden.

Die Kenngrößen für die einzelnen Erfolgsfaktoren müssen nachfolgend normiert werden, um eine einheitliche Basis zu erhalten. Die so ermittelten Zahlenwerte werden grafisch aufgetragen und ergeben das spezifische Ausprägungsprofil der Erfolgsfaktoren im untersuchten Unternehmensbereich. Auf diese Weise können Defizite schnell erkannt und nachfolgend gezielt Optimierungsmaßnahmen erarbeitet werden. In Bild 3.6. ist ein solches Ausprägungsprofil für ein Unternehmen aus dem CONTACT-Projekt dargestellt.

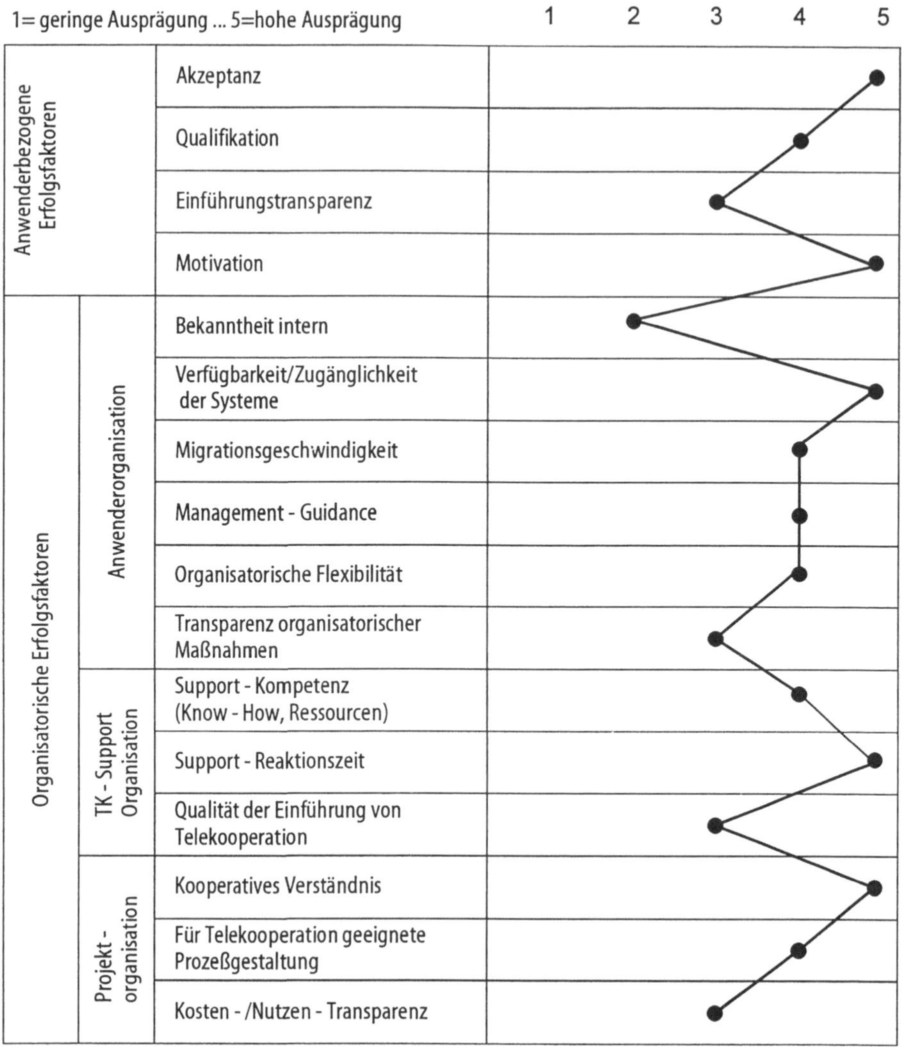

| | | 1= geringe Ausprägung ... 5=hohe Ausprägung | 1 | 2 | 3 | 4 | 5 |
|---|---|---|---|---|---|---|---|
| Anwenderbezogene Erfolgsfaktoren | | Akzeptanz | | | | | |
| | | Qualifikation | | | | | |
| | | Einführungstransparenz | | | | | |
| | | Motivation | | | | | |
| Organisatorische Erfolgsfaktoren | Anwenderorganisation | Bekanntheit intern | | | | | |
| | | Verfügbarkeit/Zugänglichkeit der Systeme | | | | | |
| | | Migrationsgeschwindigkeit | | | | | |
| | | Management - Guidance | | | | | |
| | | Organisatorische Flexibilität | | | | | |
| | | Transparenz organisatorischer Maßnahmen | | | | | |
| | TK - Support Organisation | Support - Kompetenz (Know - How, Ressourcen) | | | | | |
| | | Support - Reaktionszeit | | | | | |
| | | Qualität der Einführung von Telekooperation | | | | | |
| | Projekt - organisation | Kooperatives Verständnis | | | | | |
| | | Für Telekooperation geeignete Prozeßgestaltung | | | | | |
| | | Kosten - /Nutzen - Transparenz | | | | | |

**Bild 3.6.** Erfolgsfaktorenprofil

## 3.2 Partizipatives Einführungskonzept für Telekooperation

Erfolgsfaktoren als Basis für das Einführungskonzept

Die Einführung von Telekooperation in Entwicklungskooperationen kann nur dann zu einem wirtschaftlichen Erfolg für die beteiligten Unternehmen werden, wenn die im vorigen Abschnitt beschriebenen Erfolgsfaktoren in hohem Maße erfüllt werden. Daraus folgt, daß eine Einführungsstrategie durch Aufgaben gekennzeichnet ist, die sich aus den Erfolgsfaktoren ableiten lassen und deren hohe Erfüllung sicherstellen.

Einführung von Telekooperation als Organisationsentwicklungsprozeß

Gemäß der mitarbeiterbezogenen Erfolgsfaktoren Akzeptanz und Motivation müssen die späteren Anwender von Telekooperation in den Einführungsprozeß mit einbezogen werden. Ein häufig erfolgreich eingesetztes partizipatives Konzept ist das Konzept der Organisationsentwicklung (OE) (siehe Kap. 2.4.1.2). Daher wird die Einführung von Telekooperation als ein Organisationsentwicklungsprozeß verstanden, dessen Ziel es ist, sowohl die Kommunikations- und Leistungsfähigkeit der Mitarbeiter zu erhöhen als auch ihre telekooperativen Arbeitsbedingungen anwender- und anwendungsorientiert zu gestalten (BECKER und LANGOSCH 1995).

Dieser Prozeß - übertragen auf die Einführung von Telekooperation- besteht aus der Veränderung der bestehenden gemeinsamen Arbeitsabläufe der kooperierenden Unternehmen unter Verwendung von Aspekten des Projektmanagements und Personalentwicklungsmaßnahmen (BÖHM 1981, FRENCH und BELL 1990). Er wird abgebildet in vier Phasen (nach BECKER, LANGOSCH 1995), an denen sich die Einführung von Telekooperation orientiert (siehe Tabelle 3.1.).

Taktische Dimensionen des OE-Prozesses

Es wird zwischen drei taktischen Dimensionen des OE-Prozesses unterschieden (BÖHM 1990), die sich wie folgt für die Telekooperation interpretieren lassen:

- Extensität: Örtlicher Umfang der Reorganisation. Bei der Einführung von Telekooperation ist die „Multi-Sektor-Strategie", d.h. die gleichzeitige Einführung an mehreren Standorten bzw. die Einführung in der Entwicklungskooperation anzustreben.
- Intensität: Maß für den quantitativen Umfang der behandelten Probleme. Nur wenn im Rahmen einer

„Multi-partiellen Strategie“ gleichzeitig organisatorische, technische und personenbezogene Aspekte betrachtet und gelöst werden, hat das Einführungsprojekt Aussicht auf Erfolg.

- Einführung: Hierarchischer Ausgangspunkt der Reorganisation. Reine „Top-down“ bzw. „Bottom-up“ Strategien reichen nicht aus, da entweder aufgrund fehlender Anwenderakzeptanz oder Management-Guidance als Erfolgsfaktoren der Projekterfolg nicht sichergestellt werden kann. Notwendig ist eine „bipolare Strategie“, bei der sowohl Mitarbeiter als auch das Management in den Veränderungsprozeß einbezogen sind. Auf Management-Ebene bedeutet dies nicht nur die Zustimmung zum Projekt, sondern die Veränderung der eigenen Arbeitsprozesse unter Nutzung von Telekooperation.

**Tabelle 3.1.** Phasen und Arbeitsschritte des OE-Prozesses „Telekooperation“

| Phase | Inhalt |
|---|---|
| Diagnose | Problemerhebung und Analyse der Ist-Kommunikationssituation im Entwicklungsprojekt gemeinsam mit allen Projektpartnern |
| Planung | Zielklärung und Generierung von Lösungsansätzen zur Verbesserung der Kommunikationsprozesse |
| Aktion | Einführung und Erprobung von Kommunikationstechnologien in optimierten Kommunikationsprozessen, Qualifizierung der Mitarbeiter, Überprüfung des Einsatzes und Begleitung des Prozesses bis zur Institutionalisierung |
| Auswertung | Ergebniskontrolle, Schlußfolgerungen und ggf. neue Maßnahmenplanung |

OE-Konzept zur Telekooperationseinführung

Ausgehend von dem in Tabelle 3.1. dargestellten Phasen des OE-Prozesses und den taktischen Dimensionen wurde das in Bild 3.7. dargestellte Konzept zur Einführung von Telekooperation entwickelt und in mehreren Einführungsprojekten optimiert: In einer Vorstudie werden die Projektziele definiert und die erforderlichen Ressourcen bereitgestellt. Ausgehend von den Ergebnissen einer dreigeteilten Diagnosephase wird ein Telekooperationskonzept erstellt (Planungsphase). Dieses wird beginnend mit einer organisatorischen Anpassung und der Einführung der Technologien in Pilotbereichen umgesetzt (Aktionsphase).

Begleitend finden Schulungsmaßnahmen mit technischen, organisatorischen und personenbezogenen Schwerpunkten statt. Die in der Aktionsphase erkannten Probleme werden sukzessiv ausgeräumt und die Nutzung von Telekooperation optimiert. Zur dann erfolgenden breiten Einführung gehört die Implementation des Betriebs- und Betreuungskonzepts, welches eine störungsarme Nutzung von Telekooperation sicherstellt. Im Rahmen einer kontinuierlichen Nutzenbewertung werden die Veränderungen durch Telekooperation aufgezeichnet und die Effekte bewertet.

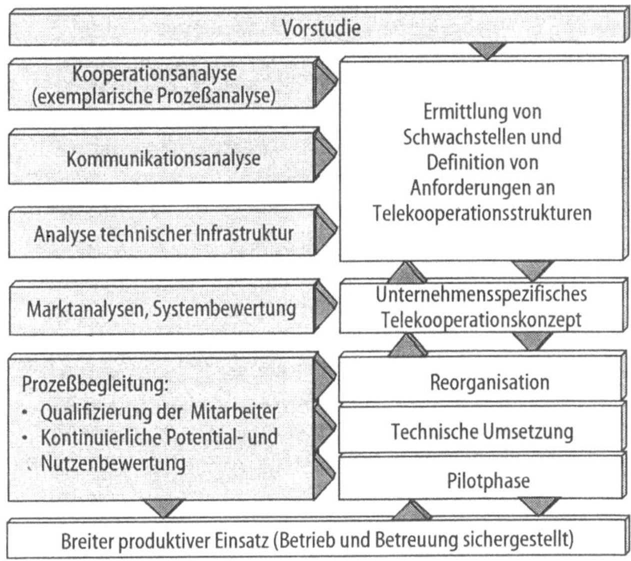


**Bild 3.7.** Konzept zur Einführung von Telekooperation

Partizipation der Mitarbeiter

Die Integration der Mitarbeiter - mit dem Ziel einer hohen Identifikation und Akzeptanz gegenüber dem Einführungs- und Nutzungsprozeß von Telekooperation - wird durch die gemeinsame Definition von Veränderungsmaßnahmen sowie deren gemeinsamer Bewertung und darauf aufbauender kontinuierlicher Verbesserung erreicht:

- Der Kommunikationsplan (siehe Kap. 2.2.1) unter Verwendung der Kommunikationsszenarien ermöglicht den Mitarbeitern, ihre Kommunikationsprozesse zu visualisieren und damit diskussionsfähig zu gestalten.

- Die Visualisierung bietet eine Grundlage für eine gemeinsame Bewertung der Ist-Situation und der Potentiale von Telekooperation. Hierzu werden Potentialkriterien genutzt, deren Ausprägungen aus Sicht der Mitarbeiter und Experten mehrmals im Verlauf des Einführungsprojekts erhoben werden (siehe Kap. 3.2.5.1).
- Die Güte des Einführungsprojekts wird von den Mitarbeitern und Experten anhand der Erfolgsfaktoren bestimmt (siehe Kap. 3.1.3).

### 3.2.1 Schlüsselrolle von Prozeßpromotoren

Schlüsselpersonen sichern die erfolgreiche Einführung

Im Rahmen der Bewertung von Einführungsprozessen mit den Erfolgsfaktoren ergab sich, daß die Einführung von Telekooperation dann erfolgreich verläuft, wenn sich eine oder mehrere Personen als Prozeßtreiber engagieren. Bspw. gehört das „best in practice" Profil aus Bild 4.14. zu einem Automobilzulieferer, bei dem eine Kombination aus Management und fachkundigen Personen den Einführungsprozeß aktiv forciert hat. Ähnliche Erfahrungen konnten in den Fachbereichen eines Automobilherstellers gewonnen werden.

Der Beitrag dieser Schlüsselpersonen, die Promotoren genannt werden (WITTE 1973), liegt in der Überwindung von Problemen, die den Fortschritt des Einführungsprojekts behindern. Hierzu gehören insbesondere die Barrieren des Nicht-Wollens, des Nicht-Wissens und administrative Barrieren. Es werden drei Kategorien von Promotoren unterschieden (HAUSCHILDT 1997):

- Fachpromotoren besitzen objektspezifisches Wissen, um die Barriere des Nicht-Wissens zu überwinden.
- Prozeßpromotoren besitzen Wissen, um administrative Barrieren zu überwinden, verhindern Insellösungen und fungieren als Treiber des Einführungsprozesses.
- Machtpromotoren haben hierarchisches Potential um den Veränderungsprozeß voranzutreiben.

Maximierung der Erfolgsfaktorenausprägungen durch Prozeßpromotoren

Das in diesem Kapitel vorgestellte Einführungskonzept für Telekooperation basiert auf dem Einsatz von Prozeßpromotoren von der Diagnosephase bis zum Ende der Pilotphase. Prozeßpromotoren haben Aufgaben zu erfüllen, die eine Maximierung der Ausprägungen der Erfolgsfaktoren bewirken. Ein zugehöriges Wirkungsmodell ist in Bild 3.8. dargestellt. Bspw. führt die anfängliche Unterstützung von Telekooperationssitzungen von Mitgliedern der Führungsebene im allgemeinen zu einer Akzeptanz des Mediums auf dieser hierarchischen Ebene. Die Identifikation des Managements mit der Telekooperation und das Vorleben von Telekooperation erhöht die Ausprägung des Erfolgsfaktors „Management-Guidance".

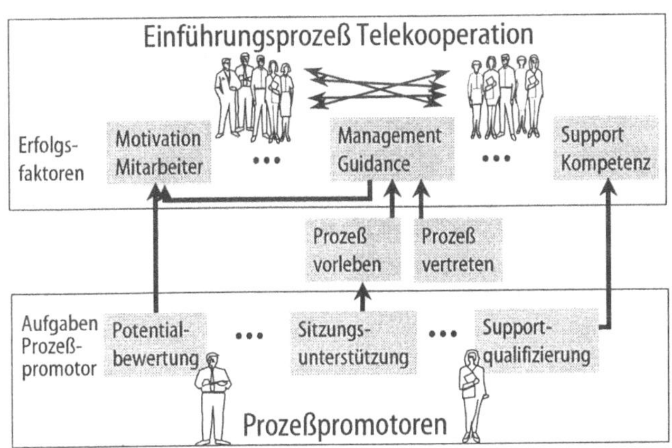


**Bild 3.8.** Wirkungsmodell

Management-Guidance hat wiederum positive Auswirkungen auf die Motivation der Mitarbeiter (als weiteren Erfolgsfaktor), Telekooperation zu nutzen. Zudem ist es möglich, im Rahmen der Unterstützungsleistung neue Machtpromotoren zu identifizieren, die den Einführungsprozeß befürworten und unterstützen. Aufgaben der Prozeßpromotoren werden in den einzelnen Abschnitten 3.2.2 bis 3.2.11 des Einführungskonzepts erläutert.

Die Prozeßpromotoren müssen im Rahmen des Einführungsprojekts eng mit unternehmensinternen und -externen Fachpromotoren bzgl. verschiedener Aspekte der technischen Infrastruktur, Organisationskonzepte und Aufgaben für die Personalentwicklung zusammenarbeiten. Sie erhalten ihren Auftrag und Rückendeckung von Machtpromotoren, die sie jedoch ggf. erst selbst im Verlauf des Einführungsprojekts generieren müssen (s.o.).

### 3.2.2 Vorphase

Gemeinsames Problemverständnis

Organisationskonzepte wie „Kooperative Wertschöpfung" und „Simultaneous Engineering" bringen Kooperations- und Kommunikationsanforderungen mit sich, die zu Beginn eines Telekooperationsprojekts häufig noch nicht systematisch artikuliert wurden. Ziel der Vorphase ist daher zum einen ein unternehmensübergreifendes Verständnis aller Probleme in der kooperativen Produktentwicklung. Zum anderen ist auf dieser Basis zu klären, ob ein Telekooperationsprojekt die adäquate OE-Maßnahme zur Problemlösung darstellt.

Unternehmensübergreifender Workshop zur Problemsammlung

Betroffene auf Mitarbeiter-, Support- und Führungsebene aller beteiligten Partner sollten zusammengezogen werden, um zunächst im Rahmen eines Workshops Probleme der Entwicklungskooperation zu sammeln, zu gewichten und eine erste Ursachenklärung vorzunehmen. Im Gegensatz zu herkömmlichen Einführungsprojekten ist dabei der unternehmensübergreifende Charakter zu beachten. Alle ausgewählten Personen müssen dazu bereit sein, trotz unterschiedlicher Unternehmenszugehörigkeiten und möglicher konkurrierender Beziehungen gemeinsam eine Ursachenklärung vorzunehmen.

Die Probleme lassen sich nach den Dimensionen „Organisation", „Technik" und „Person" kategorisieren. Folgende Probleme werden häufig genannt:

- Organisatorische Probleme: Erreichbarkeit des Partners (bspw. über Telefon) eingeschränkt; keine Verteilungsstruktur für Informationen vorhanden - wichtige Entscheidungen werden nicht an alle Partner weitergegeben; es wird mit unterschiedlichen Versionsständen von CAD-Modellen gearbeitet.
- Technische Probleme: inkompatible technische Infrastruktur; Dokumente „verschwinden" bei der Versendung, Email-Attachments des Partners sind nicht lesbar.
- Personenbezogene Probleme: kein Teamgedanke im SE-Team - gemeinsames Ziel fehlt, Spannungen wegen unterschiedlicher Unternehmens- und Kommunikationskultur, persönliche Differenzen.

Um mögliche Spannungen im Workshop abzufangen, ist eine externe oder „neutrale" Moderation ggf. durch den Prozeßpromotor zu empfehlen. Stellt sich heraus, daß Probleme und deren Ursachen im Bereich Kooperation/ Kommunikation zu suchen sind, sollte ein Telekooperationsprojekt durchgeführt werden.

Führungskräfte-Workshop

Bestehen auf der Führungsebene Bedenken gegen die Projektdurchführung, empfiehlt sich in der Vorbereitungsphase ein Führungskräfte-Workshop, um vom Nutzen eines Telekooperationsprojekts zu überzeugen und ggf. Machtpromotoren zu gewinnen. Im Rahmen des Projekts CONTACT wurden hierbei nach einer Information über Telekooperation und einer praktischen Demonstration wichtige Randbedingungen für die Realisierung von Telekooperation erarbeitet. Es ergab sich aus der Sicht der Führungskräfte die folgende Rangfolge der zu beachtenden Randbedingungen:

- Akzeptanz der Systeme durch den Benutzer,
- Kosten und Nutzen von Telekooperationssystemen,
- Qualifikation der Anwender,
- Technische Voraussetzungen zur Realisierung,
- Vorbereitung und Ablauf von „Tele-Konferenzen",
- Zugänglichkeit der Systeme,
- Juristische Probleme,
- Datenschutz und
- Nachbereitung von „Tele-Konferenzen".

Die Aufzählung verdeutlicht, daß aus Sicht der Führungskräfte anwender- und anwendungsorientierte Aspekte bei der Konzeption von Telekooperation maßgeblich zu beachten sind.

Inhaltliche Vorgehensweise festlegen

Aufbauend auf den Ergebnissen der Workshops wird die inhaltliche Vorgehensweise zur Erreichung der Projektziele erarbeitet. Eine Bestimmung des Projektbudgets und der erforderlichen Mitarbeiterkapazitäten und Sachinvestitionen ist durchzuführen. Neben diesen Kostentreibern ist auch der Nutzen, insbesondere die Wirtschaftlichkeit des Projekts abzuschätzen (siehe Kap. 3.3).

Mitglieder der Projektgruppe

Die zu installierende Projektgruppe sollte aus späteren Anwendern, EDV-Fachleuten und Führungskräften sowie den Promotoren bestehen. Auf Mitarbeiterebene sollten insbesondere Personen einbezogen werden, bei denen einerseits der „Leidensdruck" aufgrund der selbst erlebten Probleme groß genug ist und die andererseits genügend Motivation besitzen, sich mit neuen Konzepten und Technologien auseinanderzusetzen. Zudem sollte beachtet werden, daß die ausgewählten

Mitarbeiter in der Pilotphase Anlaufproblemen ausgesetzt sein werden und dementsprechend Ausdauer und technische Begeisterungsfähigkeit mit sich bringen müssen. Die auszuwählenden EDV-Fachleute sollten genügend Erfahrungen mit Mitarbeiterproblemen sowie die Einstellung besitzen, daß Technik allein Kommunikations- und Kooperationsprobleme nicht lösen kann. Auf der Ebene der Führungskräfte muß gemäß des Erfolgsfaktors „Management-Guidance" die Bereitschaft vorhanden sein, Telekooperation vorzuleben. Dazu gehört die Bereitschaft, sich selbst telekooperativer Technologien in der Kommunikation zu bedienen.

Information des Betriebsrats

In der Vorbereitungsphase sollte der Betriebsrat über das Einführungsprojekt und dessen Ziele informiert werden. Weitere Einladungen zum Kick-Off Workshop und zu Zwischenpräsentationen helfen, das Verständnis des Betriebsrats zum Projekt zu sichern. Bild 3.9. gibt einen Überblick über die wesentlichen Aufgaben der Vorbereitungsphase.

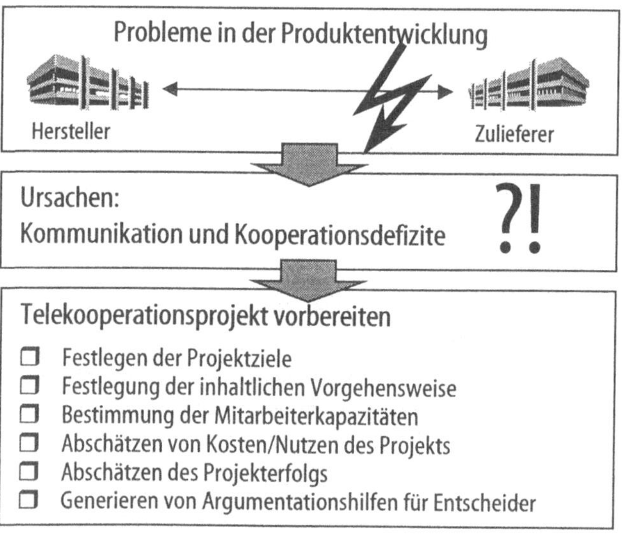


**Bild 3.9.** Vorbereitungsphase

### 3.2.3 Startphase

Projektgruppe „einschwören"

Die Mitarbeiter der Projektgruppe bzw. Projektgruppen der beteiligten Unternehmen müssen in der Startphase zunächst auf das gemeinsame Ziel „eingeschworen" werden. Das Projekt wird nur dann erfolgreich sein, wenn allen Beteiligten von Anfang an der unternehmensbezogene *und* der persönliche Nutzen verdeutlicht werden kann.

Kick-Off Workshop

Hierzu müssen alle Beteiligten auf einen zumindest ähnlichen Informationsstand gebracht werden. Häufig ist davon auszugehen, daß ein Großteil der zum Projekt berufenen Personen zum Projektstart einen erheblichen Informationsbedarf hat. Daher empfiehlt sich zum Projektstart die Durchführung eines Kick-Off Workshops, auf dem die Beteiligten zunächst über Gründe und Ziele des Projekts informiert werden.

Systemdemonstration

Zusätzlich sollten die Möglichkeiten neuer Informations- und Kommunikationstechnologien allgemeinverständlich erläutert werden. Dazu empfiehlt sich der Aufbau eines Demonstrationssystems, um beispielhaft die Möglichkeiten von Telekooperationssystemen zu verdeutlichen. Um die Anschaulichkeit zu erhöhen, sollte die Demonstration szenarienbasiert erfolgen. Dazu wird eine Abstimmungssituation aus dem Arbeitsumfeld der Mitarbeiter aufbereitet und die verbesserte Arbeitsweise unter Anwendung der neuen Technologien demonstriert. Basierend auf dieser Demonstration können erste Einsatzpotentiale der Systeme im Arbeitsumfeld aus Mitarbeitersicht erarbeitet werden.

Artikulation von Befürchtungen

In einem weiteren Schritt sollten Mitarbeiter ihre Befürchtungen, bspw. anonymisiert durch eine Kartenabfrage, artikulieren können. Nur wenn den Verantwortlichen potentielle Probleme von Telekooperation aus Mitarbeitersicht bekannt sind, kann auf die Befürchtungen angemessen reagiert und gemeinsam an Lösungen gearbeitet werden. Den Mitarbeitern ist dabei ihre Gestaltungsverantwortung im Projekt zu verdeutlichen.

Zur Gestaltung der ersten Projektphase sind abschließend Maßnahmen zur Teambildung durchzuführen. Teilaufgaben mit definierten Start- und Endterminen sind im Team zu formulieren und die Aufgabenverantwortung muß bestimmt werden. Eine gelungene Teambildung mit „einforderbaren" Ergebnissen entscheidet wesentlich über den Erfolg des Projekts.

Ergebnisse des CONTACT Kick-Off

Zusätzlich zu den bereits aufgeführten Inhalten des Kick-Off Workshops fanden im Rahmen des zweitägigen CONTACT Kick-Off Workshops moderierte Kleingruppenarbeiten der zukünftigen Anwender von Telekooperation mit dem Ziel statt, Kooperations- und Kommunikationsprobleme in ihrem Arbeitsfeld detailliert zu identifizieren. Beispielhaft seien hier die folgenden Kategorien existierender Kooperations- und Kommunikationsprobleme, die im Kick-Off Workshop erarbeitet wurden, aufgeführt:

- verzögertes Herbeiführen von Entscheidungen,
- mangelhafte Schnittstellen zu anderen SE-Teams,
- fehlende Arbeitsinformationen,
- unzureichende Erreichbarkeit des Partners,
- schlechte Verfügbarkeit von Informationen (Zugriff auf Unterlagen),
- niedrige Effizienz von SE-Besprechungen (Aufwand/ Nutzen),
- häufige Störungen der eigenen Arbeit durch Telefongespräche,
- unbefriedigende Übermittlung von Arbeitsinformationen und
- Briefträgerfunktion bestimmter Mitarbeiter führt zu Informations- und Zeitverlust.

Daraus resultierende Anforderungen an die Telekooperation wurden von den Mitarbeitern in die Bereiche Technik, Organisation und Allgemeines differenziert (siehe beispielhaft dargestellt in Tabelle 3.2.). Es wurde betont, daß die gewohnten Arbeitsweisen bei einer schrittweisen Einführung neuer Kommunikationstechnologien unbedingt mit berücksichtigt werden müssen.

### 3.2.4 Prozeßanalyse

Ziel der Prozeßanalyse

Ziel der Prozeßanalyse ist es, Einsatzmöglichkeiten für Telekooperation in bestehenden Arbeitsprozessen zu identifizieren und Arbeitsprozesse zu optimieren, bspw. indem Teilprozesse parallelisiert werden. Telekooperation führt jedoch nur zum Erfolg, wenn auch die allgemeinen Voraussetzungen für Kooperation erfüllt sind (siehe Kap. 2.2.2).

Dieses ist im Rahmen einer Prozeßanalyse zu überprüfen. Eine transparente Beschreibung und Visualisierung der inner- und überbetrieblichen Kooperationsstrukturen ermöglicht es, Kooperationsschwachstellen zu erkennen, die Relevanz von Kooperationsdefiziten zu beurteilen und ggf. Maßnahmen zur Reorganisation der bestehenden Abläufe zu definieren, die im Vorfeld der Telekooperationseinführung durchzuführen sind (Bild 3.10.).

**Tabelle 3.2.** Anwenderanforderungen an Telekooperation

| Technik | Organisation |
| --- | --- |
| • Gemeinsames Arbeiten an einem System<br>• Schneller Onlinedatenaustausch<br>• Ton- u. Bildübertragung<br>• Reden, Zeigen, Markieren an 2D/3D-Modellen, Papierzeichnungen, Simulationen, Textdokumenten im Format DIN A3/4<br>• Handskizzen übertragen<br>• Skizzieren auf dem Schirm<br>• Protokollfunktionen<br>• Getrenntes speichern<br>• Farbige Informationen | • Zugänglichkeit am Arbeitsplatz und an arbeitsplatznahen Besprechungsräumen<br>• Integration in bestehende Systeme<br>• Erreichbarkeit der Teilnehmer (Vorabinformation)<br>• Systemkompatibilität<br>• Systemmobilität bspw. für Visualisierung aus der Werkstatt |
| **Allgemein** | |
| • Mehrpunktverbindung<br>• Datensicherheit<br>• Geheimhaltung<br>• Wiederholbarkeit | • Einfache Handhabung<br>• Nicht von der Technik erdrückt werden<br>• Berücksichtigung der gewohnten Arbeitsweisen |

- Beschreibung und Visualisierung inner- und überbetrieblicher Kooperationsstrukturen
- Aufzeichnung von Kooperationsschwachstellen
- Relevanz von Kooperationsdefiziten
- Analyse kommunikationsintensiver Teilprozesse
- "Tele-Fähigkeit" von Kooperationsstrukturen

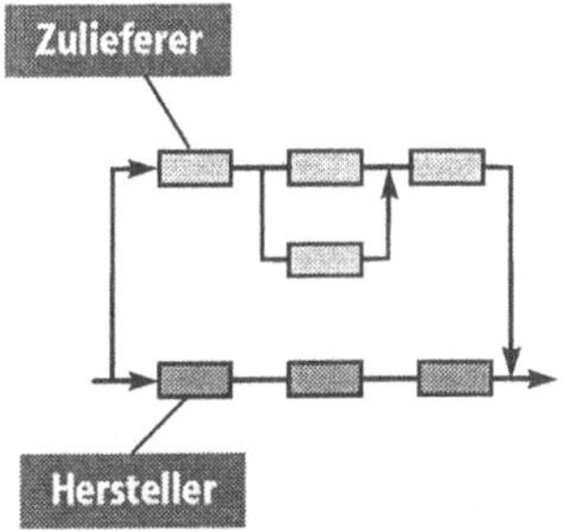


**Unternehmensübergreifende Analyse der Entwicklungsprozesse ermöglicht das Erkennen von Kooperationsdefiziten!**

**Bild 3.10.** Aspekte der Prozeßanalyse

Vorgehensweise bei der Prozeßanalyse

In der Regel ist es ausreichend, nur die kommunikationsintensiven Abstimmungsprozesse (siehe Kap. 2.2.1.2) näher zu untersuchen, da hier Kooperationsdefizite am ehesten in Erscheinung treten. Die Prozeßanalyse erfolgt auf Interviewbasis. Hierbei werden neben den existierenden Prozessen deren durchschnittlicher Zeitbedarf und die Wahrscheinlichkeiten aufgenommen, mit der eine Störung auftritt.

Die Darstellung der Prozesse erfolgt in einem Prozeßplan (EVERSHEIM 1994). Nach seiner Erstellung muß der Prozeßplan durch die Prozeßinhaber, d. h. die an der Prozeßausführung beteiligten Mitarbeiter, verifiziert werden. Dieser Modellierungsablauf führt zu einem iterativen Vorgehen. Je nach Komplexität der Entwicklungsprozesse ist eine u. U. mehrfache Überarbeitung der Prozeßpläne erforderlich, bis der Prozeßplan die Abläufe in den betrachteten Unternehmensbereichen korrekt wiedergibt (Bild 3.11.).

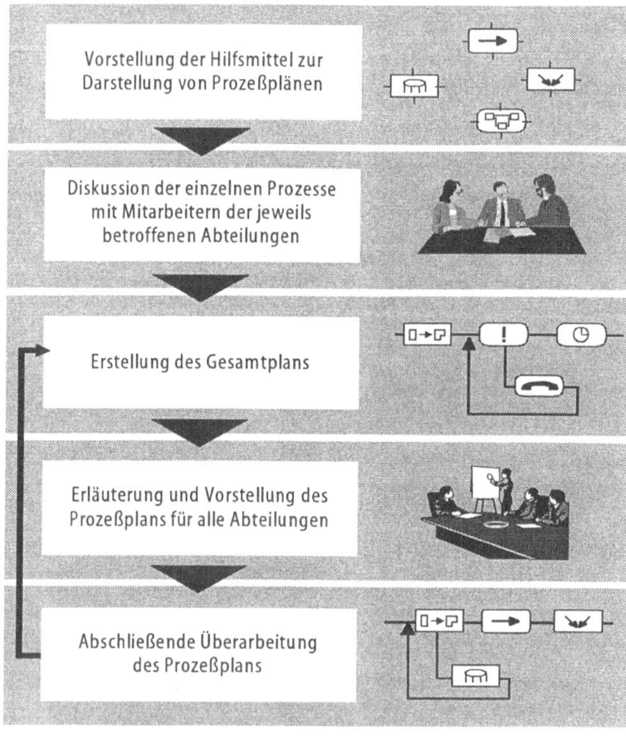


**Bild 3.11.** Vorgehensweise bei der Prozeßanalyse

Eingesetzte Hilfsmittel

Zur Unternehmensanalyse und -modellierung existieren mittlerweile eine Vielzahl von Methoden und Vorgehensweisen mit unterschiedlichen Zielrichtungen. Eine praxisnahe Methode, die am Laboratorium für Werkzeugmaschinen und Betriebslehre WZL der RWTH Aachen für die Prozeßanalyse entwickelt wurde, ist das „Gesamtmodell der prozeßorientierten Auftragsabwicklung" (TRAENCKNER 1990, MÜLLER 1992, EVERSHEIM 1995B).

Die Methode unterstützt insbesondere die Erkennung von Schwachstellen in indirekten Prozessen, wie bspw. Liegezeiten oder Prozeßstörungen aufgrund unzureichender Informationsversorgung. Bei der Anwendung der Methode wird auf eine Beschreibungssprache zurückgegriffen, die aus vierzehn Elementen besteht (Bild 3.12.).

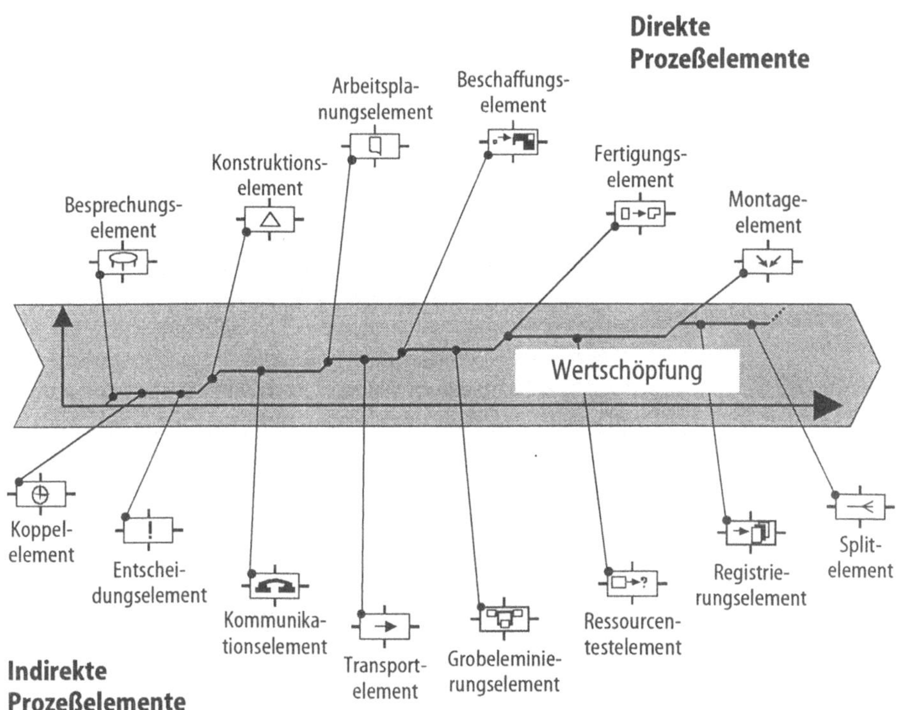


**Bild 3.12.** Prozeßelemente zur Darstellung von Auftragsabwicklungsprozessen (EVERSHEIM 1994)

Aufbau der Elemente

Direkte und indirekte Prozeßelemente

Mit diesen Elementen können sämtliche Prozesse der Auftragsabwicklung eines Unternehmens abgebildet werden. Die Prozeßelemente sind in direkte und indirekte Elemente unterteilt. Die direkten Elemente beschreiben Prozesse, die unmittelbar zur Wertschöpfung eines Auftrags beitragen, wie die Zeichnungserstellung, die Bauteilbeschaffung oder die Arbeitsplanerstellung. Die indirekten Prozeßelemente hingegen werden für die Beschreibung von Prozessen, wie Kommunikation, Transport oder Terminierung herangezogen, die zur Projektbearbeitung notwendig sind, aber nur mittelbar zur Wertschöpfung beitragen.

Die Elemente besitzen jeweils einen Eingang und drei Ausgänge. Der Eingang befindet sich immer links. Bei den Ausgängen handelt es sich um den sogenannten Standard-, Unterbrechungs- und Verzweigungsausgang. Eine Verzweigung (Ausgang nach unten) wird durchlaufen, falls ein Prozeß (bspw. Entwurfserstellung) aufgrund von fehlenden Informationen gestört ist, die alternativ zu durchlaufenden Prozessen aber bekannt sind (bspw. Rückfragen eines Konstrukteurs an den Vertrieb). Eine Unterbrechung (Ausgang nach oben) tritt auf, wenn im Fall einer Störung von einer höheren Instanz eine Entscheidung über den weiteren Auftragsdurchlauf zu fällen ist (bspw. Ausfall des EDV-System). In allen anderen Fällen wird der Prozeß durch den Standardausgang verlassen.

Schwachstellenanalyse

Im Anschluß an die Prozeßanalyse erfolgt die Ableitung der Schwachstellen. Bei einer durchlaufzeitorientierten Analyse werden Prozesse identifiziert, die bspw. einen relativ großen Anteil an der Gesamtdurchlaufzeit beinhalten, störungsbehaftet sind oder Liegezeiten darstellen. Diese Prozesse werden einer detaillierten Ursachenanalyse unterzogen, um entsprechende Maßnahmen zur Reduzierung von Durchlaufzeiten und Kosten erarbeiten zu können. Dementsprechend hat jede der erarbeiteten Maßnahmen, bezogen auf einen Teilprozeß, einen positiven Effekt.

Durchlaufzeit und Kosten des Soll-Prozesses

Um beurteilen zu können, wie stark die Einzelmaßnahme die Gesamtdurchlaufzeit oder -kosten beeinflußt, werden die Durchlaufzeit oder die Kosten für den Sollzustand unter der Annahme berechnet, daß alle Maßnahmen realisiert seien. Dadurch kann eine Aussage über das Potential der Maßnahmen abgeleitet werden, bevor kostenintensive Realisierungen durchgeführt werden. Anhand der Ergebnisse läßt sich eine Projektlandschaft ableiten, die die Reihenfolge der Umsetzungsmaßnahmen enthält und somit eine konkrete Handlungsempfehlung für die Realisierungsphase darstellt.

### 3.2.5 Kommunikationsanalyse

Ziel der Kommunikationsanalyse

In schwach strukturierten Prozessen wie der Produktentwicklung, in der oftmals spontane Kommunikation zur Problemklärung notwendig ist, kann Kommunikationsunterstützung nicht allein von Prozeßabläufen abgeleitet werden. Zudem ist zur Akzeptanzsteigerung die Einbindung der Mitarbeiter in den Analyseprozeß ihrer eigenen Kommunikationsvorgänge erforderlich. Ziel der Kommunikationsanalyse ist daher die Erfassung und gemeinsame Bewertung der im folgenden erläuterten Kommunikationsaspekte in der Entwicklungskooperation zu mehreren Zeitpunkten des Telekooperationsprojekts.

Aufgabenbezogene vs. personenbezogene Analyse

Dabei ist neben anderen Aspekten (siehe Bild 3.13.) insbesondere zwischen einer aufgabenbezogenen und einer personenbezogenen Analyse zu unterscheiden.

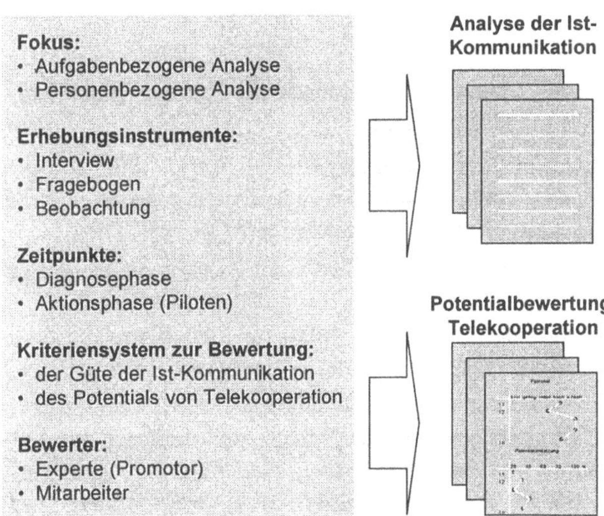


**Bild 3.13.** Aspekte der Kommunikationsanalyse

Zur aufgabenbezogenen Analyse gehört die Erfassung von Sachaspekten, wie die Anzahl der Partner, Häufigkeiten bestimmter Kommunikationsszenarien, verwendete Kommunikationsmittel wie Telefon, Fax und persönliche Treffen sowie die zur Kommunikation genutzten Informationsträger, wie bspw. Skizzen, Plots und CAD-Modelle. Diese Informationen stehen in engem Bezug zur Prozeßanalyse bzw. Schwachstellenanalyse, in die sie auch einfließen.

Zwischenmenschliche Kommunikationsbeziehungen

Die erfolgreiche Nutzung von Telekooperation setzt die Bereitschaft der Mitarbeiter, überhaupt miteinander kommunizieren zu wollen, zwingend voraus. Diese Bereitschaft ist jedoch nicht immer gegeben. Zur personenbezogenen Analyse gehört daher die Betrachtung zwischenmenschlicher Kommunikationsbeziehungen im jeweiligen unternehmensinternen oder -übergreifenden Kooperationszusammenhang.

Die Wichtigkeit dieses Analyseschrittes wird dadurch verdeutlicht, daß Mitarbeiter in mehreren Entwicklungsprojekten das Potential von Maßnahmen zur Verbesserung zwischenmenschlicher Kommunikation deutlich höher einschätzten, als das Potential von Kommunikationstechnologien. Der Bedarf an Personalentwicklung (bspw. unternehmensübergreifende Teamtrainings) als Voraussetzung für eine Techniknutzung, kann aus der personenbezogenen Kommunikationsanalyse abgeleitet werden.

#### 3.2.5.1 Bewertungskriterien für die Güte von Kommunikationsprozessen

Kommunikation im Rahmen von Entwicklungskooperationen kann als hochwertig bezeichnet werden, wenn bei minimalem Ressourcenverzehr (Kosten, Zeit)

- Arbeitsprozesse effizient und effektiv durchgeführt werden können und
- Mitarbeiter in ihren persönlichen Kommunikationsbedürfnissen unterstützt werden.

Bewertungskriterien

Zur Bewertung der Güte von Kommunikation in Entwicklungskooperationen wurde am Institut für Arbeitswissenschaft der RWTH Aachen das nachfolgend erläuterte mitarbeiterbezogene Kriteriensystem entwickelt (SPRINGER et al. 1997). Es basiert auf Aspekten des in Kap. 2.4.2 vorgestellten Kommunikationsmodells und der Befragung von Mitarbeitern aus verschiedenen Entwicklungskooperationen (zur Wirtschaftlichkeit aus Unternehmenssicht vgl. Kap. 3.3.2).

Die Bewertungskriterien sind nach den drei Hauptaspekten Kosten (quantifizierbar), Zeit (quantifizierbar) und Qualität (kaum/nicht quantifizierbar) gegliedert, wobei die Kategorie Qualität in Anlehnung an WATZLAWICK et al. (1985) bzgl. der Qualität aufgaben- und personenbezogener Kommunikation aufgeteilt ist. Die Kriterien der Qualität sachbezogener Kommunikation werden in die Hauptaspekte Kommunikationsmanagement, Kommunikationseffizienz, Informationstransfer, Durchführbarkeit und Informationsschutz unterteilt (siehe Bild 3.14.).

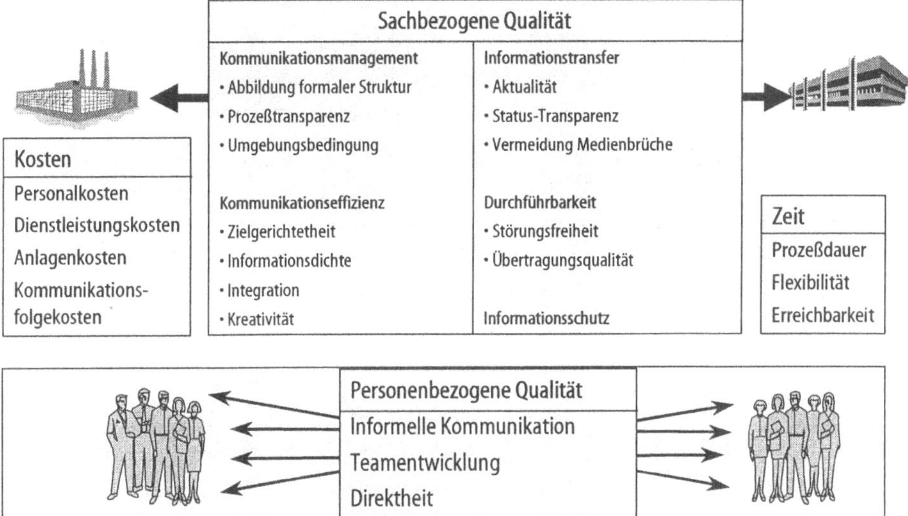


**Bild 3.14.** Kriterien zur Gütebewertung von Kommunikationsprozessen

Die jeweiligen Ausprägungsgrade der Bewertungskriterien können kontinuierlich überprüft und als Eingangsgröße für die Ableitung von Optimierungsmaßnahmen herangezogen werden (SCHNEIDER 1990). Die Überprüfung der Ausprägungsgrade kann prinzipiell über beschreibende Kennzahlen ermittelt werden. So kann bspw. die Kennzahl zur „Erreichbarkeit" (s.u.) über den Quotient aus der Anzahl erfolgreicher Versuche zur Kommunikationsaufnahme und der Gesamtanzahl von Versuchen ermittelt werden. Die meisten Kennzahlen werden über Schätzungen im Rahmen von Befragungen ermittelt.

Kostenkriterien

Personalkosten

Personalkosten fallen im Rahmen der Vorbereitung, Durchführung und Nachbereitung von Kommunikationsereignissen an. Hierzu zählen auch die Personalkosten, die bei Dienstreisen durch unproduktive Zeiten entstehen sowie Versetzungskosten bei einem längeren Aufenthalt an einem anderen als den Heimatstandort.

Dienstleistungskosten

Dienstleistungskosten beinhalten zum einen Kosten für Reisemittel (bspw. Flugzeug), sowie Unterbringungskosten. Bei der Nutzung von Kommunikationstechnologien fallen zum anderen als Dienstleistungskosten bspw. die Leitungsgebühren und externe Supportkosten an.

Anlagenkosten

Anlagenkosten umfassen Kosten für die Anschaffung und Implementierung von Kommunikationstechnologien sowie deren Kapitalbindungskosten.

Kommunikationsfolgekosten

Kommunikationsfolgekosten beschreiben die durch Abstimmungsprobleme entstehenden monetären Zusatzaufwände im Entwicklungsprozeß, wie Änderungskosten.

Zeitkriterien

Prozeßdauer

Die Prozeßdauer ist die absolute Zeit, die für die Durchführung eines Arbeitsprozesses benötigt wird. Die Prozeßdauer setzt sich zusammen aus Bearbeitungszeiten und Liegezeiten. Eine Verbesserung der Kommunikationsprozesse führt i.a. zu einer Beschleunigung oder Einsparung von Arbeitsprozessen, bspw. durch geringere Änderungshäufigkeit.

Flexibilität

Flexibilität meint die Anpassungsfähigkeit an kurzfristige Kooperations- und Kommunikationsbedarfe. Während der Kooperationsprozesse tauchen immer wieder unvorhergesehene Ereignisse auf, die eine hohe Reaktionsfähigkeit und -geschwindigkeit erfordern. Die Flexibilität eines Unternehmens als Fähigkeit zur Veränderung nicht nur bezogen auf die Produkte, sondern auch auf Zeit, Störungen oder Aufgabenstellungen wird zunehmend als wichtiger Erfolgsfaktor gesehen. Besonders zur Beseitigung von Störungen ist die Organisation von Kommunikation in verteilten Teams erforderlich, um eine schnelle und flexible Reaktion zu ermöglichen (REICHWALD et al. 1998).

Erreichbarkeit

Erreichbarkeit beschreibt die Möglichkeit in einer Kooperation, kurzfristig mit einem Partner persönlich synchron oder asynchron kommunizieren zu können.

Dies ist insbesondere im Rahmen schwach strukturierter Prozesse wichtig, bspw. bei kurzfristig zu lösenden Problemen. Die Möglichkeit so oft als nötig, geplant oder ungeplant, mit einem oder mehreren Gruppenmitgliedern bei Bedarf jederzeit Kontakt aufzunehmen wird als ein wichtiger Bestandteil effizienter Kommunikation angesehen (TEUFEL et al. 1995).

Eine höhere Erreichbarkeit beschleunigt Arbeitsprozesse durch den Wegfall von „unproduktiven" Zeiten, die bei erfolglosen Versuchen, Kommunikation herzustellen, entstehen (BERR und FEUERSTEIN 1988).

Kriterien zur Qualität aufgabenbezogener Kommunikation

Abbildung formaler Struktur

Mit „Abbildung formaler Struktur" ist die Fähigkeit von Kommunikationssystemen gemeint, Regelsysteme zur Kommunikation abzubilden.

Kommunikatives Handeln in einem Unternehmen ist Regeln unterworfen, die sowohl von der Kommunikationstechnologie (als technischer Zwang) als auch von den Organisationsstrukturen diktiert werden. In den meisten Unternehmen sind zur Koordination von Aufgabenkomplexen Vorschriften und organisatorische Regelungen erforderlich, die Auswirkungen auf die Kommunikationsprozesse haben. Es wird festgelegt, in welcher Art, in welchem Umfang, zu welchem Anlaß mit welchen Personen kommuniziert werden muß.

Einer formalen Gestaltung bedarf auch die Richtung der Kommunikation (WAHREN 1987): vertikal (zwischen Vorgesetzten und Mitarbeitern), horizontal (unter den Mitarbeitern), diagonal (über verschiedene Hierarchieebenen hinweg). Solche Regelungen müssen von Kommunikationssystemen abgebildet werden (bspw. Workflow-Management-Systeme).

Prozeßtransparenz

Mit dem Kriterium Prozeßtransparenz wird beurteilt, inwieweit die eine Arbeitsaufgabe umgebenden Bedingungen vom Mitarbeiter durchschaut werden können. Die Transparenz „...ist abhängig von dem Ausmaß, in welchem dem Mitarbeiter die für die Aufgabenbewältigung bedeutsamen vor-/ nachgelagerten Stellen bekannt sind, und dem Ausmaß, in dem er von diesen die für die Planung der Arbeitsaufgabe nötigen Informationen vorhersehbar erhält bzw. die Bedingungen der Weiterverarbeitung des Arbeitsergebnisses bekannt sind." (DUNCKEL 1996).

Zur Bewältigung komplexer Aufgaben ist die Transparenz über die Unternehmensabläufe von besonderer Bedeutung. Erst wenn die tatsächlich ablaufenden Prozesse im Unternehmen bekannt sind, können Maßnahmen bspw. bei einer kurzfristigen Problemlösung abgeleitet werden. (EVERSHEIM 1995).

Umgebungsbedingung

Das Kriterium Umgebungsbedingung beschreibt den Einfluß der organisatorischen Umgebungsbedingungen auf Kommunikationsprozesse.

Die Umgebung beeinflußt nicht nur als räumliche Gegebenheit, sondern vor allem durch Aspekte der betrieblichen Organisation, der Führungs- und Machtstrukturen sowie der Art der Technologie die Kommunikation und Interaktion in einem Unternehmen (WAHREN 1987).

Hinweise zur räumlichen Umgebungsgestaltung von Telekooperationsarbeitsplätzen betreffen hauptsächlich die akustische Komponente (Geräuschniveau, Raumakustik, Schallisolation) sowie die Beleuchtung und Raumanordnung (DUTKE et al. 1996).

Zielgerichtetheit

Zielgerichtetheit beschreibt die Ausrichtung von Kommunikation und Kommunikationsabläufen auf zu lösende Probleme. Bilaterale Diskussionen von Inhalten in SE-Teamsitzungen, die aufgrund fehlender vorheriger Abstimmung (über Telekooperation) entstehen, führen zu einer geringen Zielgerichtetheit und werden von den Mitarbeitern oft beklagt (siehe auch Kap. 3.2.3). Durch die Organisation auch von spontan auftretendem Kommunikationsbedarf (bspw. durch „elektronische Einladung“, Agenda, (Tele-)Moderation) wird eine effiziente Kommunikation erreicht.

Integration

Integration beschreibt die Möglichkeit der Einbeziehung aller für einen Arbeits- bzw. Kommunikationsprozeß wichtigen Personen und Informationsträger. Im Rahmen von SE-Teamsitzungen beim Hersteller vor Ort sind aus Kosten- oder Zeitgründen nicht immer alle benötigten (internen und externen) Mitarbeiter anwesend.

Dies verursacht hohe Abstimmungsaufwände zwischen den Teammitgliedern vor und nach der jeweiligen Sitzung. Zudem kann entscheidendes Know-how nicht bei Bedarf eingebracht werden. Die Möglichkeit einer zeitweisen Zuschaltung von Mitarbeitern per Telekonferenz erhöht die Integration. Bezüglich der

Informationsträger ist eine Verfügbarkeit unabhängig vom Kommunikationsort notwendig.

Informationsdichte

Informationsdichte beschreibt die Menge von Information, die pro Zeit oder pro Kommunikationsereignis (Telefonat, Treffen, Sitzung, etc.) ausgetauscht wird. Bei der Beschleunigung von Arbeitsprozessen geht es auch um die Verringerung der Zeitdauer von einzelnen Kommunikationsvorgängen ohne an Informationsqualität oder Informationsmenge zu verlieren (BERR und FEUERSTEIN 1988).

Kreativität

Kreativität bezeichnet die Produktion von neuartigen und ungewöhnlichen Ideen. Kommunikationsprozesse in der Entwicklungskooperation müssen auf kreativer Ebene ablaufen können, bspw. zur Ideengenerierung oder für die Problemlösung. Der Zeitpunkt des Bedarfs ist nicht vorhersehbar, so daß jederzeit die Möglichkeit bestehen muß, kreativ zu kommunizieren.

Die Kommunikation über Telefon/Telefax im Rahmen von Problemlöseprozessen wird von den Mitarbeitern als kreativitätshemmend bezeichnet. Aufgrund der fehlenden Interaktion und zeitlicher Restriktionen entstehen über diese Kommunikationsform weniger Lösungsvorschläge als über die persönliche Kommunikation vor Ort oder das Teleconferencing.

Vermeidung von Medienbrüchen

Das Kriterium „Vermeidung von Medienbrüchen" umschreibt die Möglichkeit, Informationen über Systemgrenzen hinweg in nur einer Repräsentationsform zu halten (physisch oder elektronisch).

Medienbrüche treten auf, wenn elektronische Daten (Dateien, Dokumente, Tabellenkalkulationen) bei Schnittstellen von EDV-Systemen nicht mehr auf elektronischer Form übertragen werden können und eine manuelle Nacharbeitung oder gar Neueingabe erfordern. Die Vermeidung von Medienbrüchen ist für die Fehleranfälligkeit der Prozesse von großer Bedeutung: treten Medienbrüche auf, so ist mit erhöhten Fehler- und Fehlerfolgekosten zu rechnen (EVERSHEIM 1995).

Aktualität

Das Kriterium Aktualität bezeichnet die Bereitstellung und Verwendung jüngster Informationsstände. Ein wesentliches Problem in Entwicklungskooperationen ist das Arbeiten mit veralteten Informationsständen. Dadurch kann es zu vermeidbaren Aufwänden kommen, bspw. wenn ein Partner eine Detailkonstruktion anhand eines nicht mehr gültigen Modellstandes vornimmt und erst Tage später auf einer SE-

Teamsitzung von den neuen Randbedingungen erfährt. Aktualität muß daher auch über Unternehmensgrenzen hinweg sichergestellt sein. Der Zugriff auf die umfangreichen Projektdaten muß sich für den Mitarbeiter schnell und unkompliziert darstellen. Dazu müssen leistungsfähige Navigations-, Zugangs- und Suchmechanismen vorhanden sein.

Störungsfreiheit

Störungsfreiheit meint die Abwesenheit von Faktoren, die das Zustandekommen von Kommunikation oder den Kommunikationsfluß beeinträchtigen.

Eine Kommunikationssituation wird nur dann als effizient eingeschätzt, wenn sie ohne größere Störungen technischer Art (z.B. Probleme der Stabilität und Performance beim Teleconferencing) oder organisatorischer Art (z. B. Unterbrechungen eines Treffens) stattfinden kann.

Übertragungsqualität

Insbesondere im Rahmen internationaler Projekte wird eine hohe auditive und visuelle Übertragungsqualität zur Überbrückung von Sprachbarrieren benötigt. Zur Übertragungsqualität gehört zum einen die Tonqualität. Zum Verstehen einer Fremdsprache ist bspw. ein höherer Pegelunterschied zur Umgebung notwendig, als bei der Muttersprache (LUCZAK 1998).

Übertragungsqualität bezieht sich weiterhin auf die Bildqualität. Zur Unterstützung der Verbalisierung (insbesondere bei der Verständigung in einer Fremdsprache) kann für eine effiziente Kommunikation eine qualitativ hochwertige Visualisierung der Kommunizierenden (Gestik, Mimik) bzw. der Gegenstände, über die kommuniziert wird, notwendig sein. Untersuchungen haben gezeigt daß mehr als 50% der Informationen durch Mimik/Gestik vermittelt werden (BERR und FEUERSTEIN 1988).

Informationsschutz

Mit Informationsschutz ist die subjektive Einschätzung der Abgeschlossenheit der Kommunikation und des Schutzes der Kommunikationsinhalte gegen Dritte gemeint.

Schutz vor Verlust der Vertraulichkeit von Daten ist ein Aspekt der Sicherheit in Kommunikationssystemen und Netzen (WALKE et al. 1992). Die Forderung, die Verbreitung von personenbezogenen Daten zu verhindern, entsteht aus dem persönlichen Bedürfnis jeder einzelnen Person nach Wahrung der Privatsphäre und wird auch durch das Zivilrecht geschützt. Hinzu kommt die Forderung nach Geheimhaltung betrieblicher Informationen. Sind solche Daten unbefugten Personen leicht zugänglich (durch Abhören, Umgehen von Sicherungsmechanismen, Nutzung von Software zum Durchsuchen von durchlaufender elektronischer Post, etc.) so ist kein ausreichender Informationsschutz vorhanden (TEUFEL et al. 1995).

Kriterien zur Qualität personenbezogener Kommunikation

„Informelle Kommunikation" bedeutet die Übertragung von Informationen zwischen Personen unter Umgehung formaler Kommunikationsbeziehungen und -strukturen.

Informelle Kommunikation

Jenseits der formalen Organisationsstrukturen können persönliche informelle Kontakte wesentlich zu einem Projekterfolg beitragen. Informelle Kommunikationsnetze sind dazu in der Lage, Lücken zu schließen, die selbst bei der sorgfältigsten Planung von Arbeitsprozessen unvermeidbar sind. Die zukünftige Arbeitswelt verlangt daher von den Mitarbeitern Vernetzungskompetenz im Aufbau und in der Pflege von Beziehungsnetzen (REICHWALD 1998).

„Durch direkte informale Kontakte gelangen die Informationen häufig schneller und vollständiger zum Empfänger als über das formale Kommunikationssystem. (...) Ferner werden durch informale Kontakte oft Informationen übertragen, deren Übermittlung offiziell nicht vorgesehen ist, deren Kenntnis für die Aufgabenerfüllung der informationsempfangenden Stelle jedoch von Bedeutung sein kann." (COENENBERG 1966).

Informelle Kommunikation entspringt aus dem sozialen Bedürfnis der Mitarbeiter nach mitmenschlichen Kontakten und wurde in der Vergangenheit weitgehend unterbunden. Charakteristisch für die informelle Kommunikation ist, daß sie unstrukturiert abläuft. Inhalte können sowohl privater als auch betrieblicher Natur sein (WAHREN 1987).

„Teamgedanke" beschreibt das Vorhandensein und die Förderung von wechselseitig motivationalen Effekten in aufgabengebundenen Arbeitsgruppen und Teams.

Teamgedanke

„Ein Team ist eine kleine Anzahl von Menschen mit ergänzenden Fähigkeiten, die ein gemeinsames Ziel verfolgen, eigene Leistungsmerkmale bestimmen und nach einem eigenen, aus ihrer Sicht bestgewählten

Ansatz vorgehen und dabei harmonieren." (KATZENBACH und SMITH 1993). Teams sind aufgrund ihres gemeinsamen Ziels und Vorgehensverständnisses und der engeren persönlichen Beziehung der Mitarbeiter eine besonders leistungsfähige Organisationsform.

Eine wesentliche Voraussetzung für leistungsfähige Teams ist eine ungehinderte Kommunikation zur Aufrechterhaltung des Teamgedankens. Hierzu müssen technisch-organisatorische Kommunikationsstrukturen geschaffen sein, die den Teamgedanken im Laufe der Zusammenarbeit intensivieren bzw. erhalten.

Die Art der Zusammenarbeit und der dafür erforderlichen Kommunikationsprozesse innerhalb eines Teams ändern sich im Verlauf des Arbeitsprozesses. Bspw. können nach dem Team Performance Model von JOHANSEN (1991) die sieben Stadien: Orientierung, Vertrauensbildung, Ziel-/Rollenklärung, Übereinstimmung, Implementation, Höchstleistung und Erneuerung bei der Teamleistung unterschieden werden. Jede Phase benötigt in unterschiedlicher Intensität Unterstützung durch Kommunikationsformen wie „persönliches Gespräch", „Teleconferencing" und „Email" (TEUFEL et al. 1995).

Direktheit

„Direktheit" beschreibt die Unmittelbarkeit des Kontakts zwischen den Prozeßbeteiligten. Das Kriterium betrifft die Frage, „...ob es dem Arbeitenden möglich ist, unmittelbar mit den jeweiligen Kommunikationspartnern zu interagieren und sowohl sprachliche als auch nicht-sprachliche Kommunikationsmittel zu verwenden." (DUNCKEL et al. 1993). Je direkter der Kontakt zwischen den Kommunikationspartnern ist, desto eher können Mißverständnisse und Kommunikationsfehler erkannt und beseitigt werden.

#### *3.2.5.2 Durchführung der Bewertung*

Mehrfache Erhebung zur Nutzenbestimmung

Kommunikationsanalysen werden in der Diagnosephase, der Pilotphase sowie in der Produktivphase durchgeführt, um die Effekte der Telekooperation bewerten zu können. Als Erhebungsinstrumente dienen dabei:

- Strukturierte Interviews,
- Fragebögen zur Selbstaufschreibung und
- Teilnehmende Beobachtungen.

Im Rahmen der Diagnosephase erfolgt die Kommunikationsanalyse in drei Teilschritten: Mittels eines Fragebogens erfolgt die Erfassung aufgabenbezogener Kommunikation (Kap. 3.2.5.3). Die Ergebnisse werden in einen Kommunikationsplan übertragen (vgl. Kap. 2.2.1.2). Durch eine Potentialanalyse werden anhand der o.g. Kriterien die Potentiale von Telekooperation für die Entwicklungskooperation bestimmt (Kap. 3.2.5.1). Personenbezogene Kommunikationsaspekte werden im Rahmen von Interviews ab dem Zeitpunkt erfaßt, an dem der Interviewer (Prozeßpromotor) eine hinreichende Vertrauensbasis bei den Mitarbeitern erworben hat. Die Ergebnisse dieser Interviews müssen anonymisiert werden.

In der Pilotphase und dem breiten produktiven Einsatz wird die Umsetzung der Potentiale anhand der Bewertungskriterien und der Erfolgsfaktoren gemessen, um darauf aufbauend eine Optimierung der Telekooperationssysteme zu gewährleisten (vgl. Kap. 3.2.11).

Kombinierte Bewertung durch Experten und Mitarbeiter

Grundsätzlich kann die Bewertung der Kommunikationssituation sowohl von Experten (bspw. dem Prozeßpromotor) als auch von den Mitarbeitern selbst durchgeführt werden. Es empfiehlt sich eine Kombination aus Experten- und Mitarbeiterbewertung. Eine reine Expertenbewertung kann zur Ablehnung des Ergebnisses durch die Mitarbeiter aufgrund mangelnder Identifikation führen. Einer reinen Mitarbeiterbewertung fehlt hingegen die neutrale Sicht eines Externen.

### 3.2.5.3 Analyse aufgabenbezogener Kommunikation

Fragebogen zur Selbstaufschreibung

Im Rahmen von CONTACT wurde ein Fragebogen entwickelt und gemeinsam mit Mitarbeitern optimiert, mit dem die aufgabenbezogene Kommunikationssituation zu Beginn des Telekooperationsprojekts aufgenommen wird. Der Fragebogen enthält die folgenden Hauptabschnitte:

- Kommunikationsstruktur im Projekt: Beteiligte Partner; Entfernungen; Anteil von Kommunikationszeit an Arbeitszeit; typische Kommunikationsszenarien und deren Häufigkeiten; verwendete Informationsträger; Anzahl/Effizienz von Dienstreisen.
- Nutzung technischer Infrastruktur (Telefon, Videokonferenz) im Hinblick auf standortinterne, stand-

ortübergreifende bzw. unternehmensübergreifende Kommunikation; Verhalten bei technischen Problemen.

- Kommunikationsprobleme: Erreichbarkeit von Mitarbeitern; Werden notwendige Informationen weitergereicht? Informationsstand über eigene/andere Projekte; Aktualität der Informationen; Probleme in Besprechungen; Zeitliche Aufwände durch Kommunikationsprobleme.

Der im Rahmen von Selbstaufschreibungen verwendete Fragebogen wird vorab mit den Mitarbeitern abgestimmt und hierdurch die Akzeptanz der Untersuchung sichergestellt. Bild 3.15. zeigt beispielhafte Ergebnisse der Befragungen, die im Rahmen des Projekts CONTACT vor der Einführung von Telekooperation durchgeführt wurden.

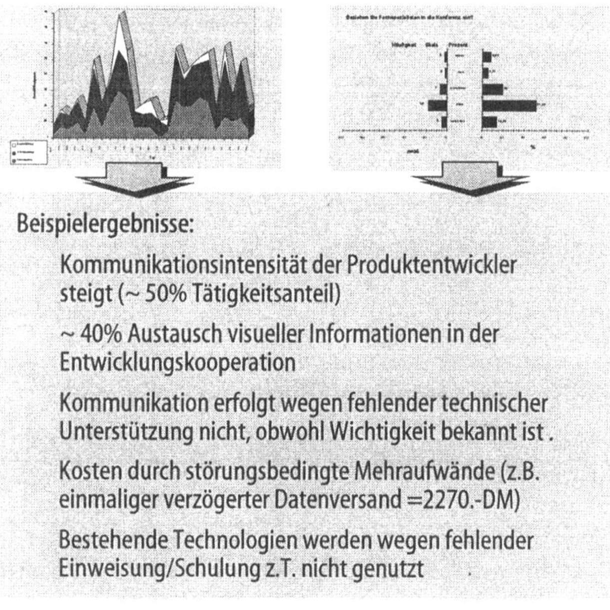


**Bild 3.15.** Beispielergebnisse der Kommunikationsanalyse

Interviews zur Ist-Kommunikation

Die Ergebnisse der Befragungen, insbesondere alle wichtigen Kommunikationsszenarien einschließlich der Reisetätigkeiten zu den Partnern, werden gemeinsam mit Mitarbeitern in einen Kommunikationsplan (siehe auch Kap. 2.2.1.2) übertragen. Szenarien können bspw. Abstimmungsgespräche zwischen zwei Konstrukteuren, SE-Teamsitzungen oder tägliche Besprechungen im Rahmen der Produktionsvorbereitung sein. Die Übertragung wird durch den Prozeßpromotor geleitet, wobei von jeder Organisationseinheit, die in die verteilte Kooperation involviert ist, eine Person bei der Planerstellung mitwirken sollte. Je nach Komplexität der Kooperation dauert die Übertragung pro Sitzung ca. 1-1,5 Stunden.

#### *3.2.5.4 Potentialerfassung von Telekooperation*

Demonstration telekooperativer Arbeitsszenarien

Die Potentialerfassung erfolgt im Rahmen von Workshops, die mit einer Demonstration von telekooperativen Arbeitsszenarien beginnen, welche aus dem produktiven Einsatz von Telekooperation in der Fahrzeugentwicklung stammen. Es werden PC-basierte Systeme wie das Intel ProShare 200 eingesetzt. Die Systeme verfügen über eine Audio-/ Videokomponente, ein Shared Whiteboard und Application Sharing (siehe Kap. 2.3.6).

Inhalt der Szenarien sind bspw. Abstimmungen von Konstruktionsständen zwischen Konstrukteuren, bei denen digitale Fotos von Bauteilen und CAD-Screenshots in das Whiteboard integriert und Kalkulationstabellen gemeinsam bearbeitet werden.

Nutzung der Kommunikationskriterien

Die Mitarbeiter reflektieren die telekooperativen Arbeitsszenarien am Kommunikationsplan und bewerten anhand der Kommunikationskriterien das Potential, welches sie für die Optimierung ihrer Kommunikationsprozesse erkennen.

### 3.2.6 Analyse der technischen Infrastruktur

Parallel zur Prozeß- und Kommunikationsanalyse erfolgt eine Untersuchung der (informations-) technischen Infrastruktur in den beteiligten Unternehmen. Ziel dieser Analyse ist es, eine möglichst reibungslose Integration der Telekooperationssysteme in vorhandene EDV-Strukturen zu gewährleisten.

Kriterien für die Analyse der Infrastruktur

Zu diesem Zweck wurde in Zusammenarbeit mit betrieblichen EDV-Experten ein Kriterienkatalog entwickelt, der folgende Punkte behandelt (Bild 3.16.):

- Systemsoftware und -hardware,
- Kommunikations- bzw. Computernetze,
- Anwendungsprogramme, speziell CAD,

- Sicherheit der Netzinfrastruktur, Informationsschutz sowie
- Einführung und Betrieb.

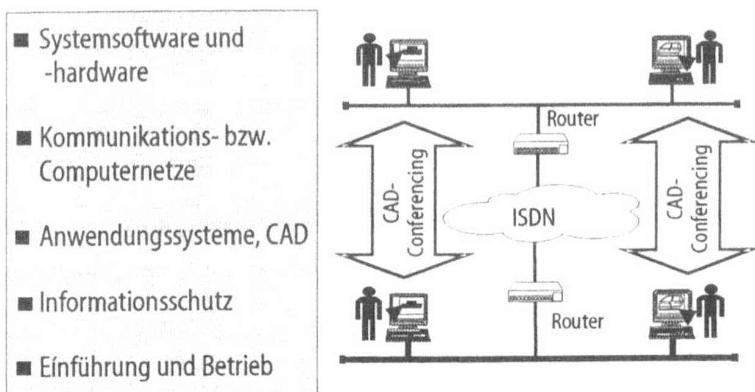


**Bild 3.16.** Analyse der technischen Infrastruktur

Untersuchung bestehender Hard-/ Software

Zuerst ist die vorhandene Systemsoftware und -hardware zu untersuchen, die als Basis der geplanten Telekooperationssysteme dienen soll. Hierbei werden einerseits unterschiedliche Hardwarearchitekturen für PC und Workstations berücksichtigt, andererseits die jeweilige Betriebssystemumgebung. So ist bspw. auf UNIX-Plattformen darauf zu achten, daß keine systemspezifischen Variablen oder Kommandos genutzt werden und eine höhere Softwareversion eine niedrigere emulieren kann. Ferner ist es wichtig, daß die graphische Benutzungsschnittstelle hundertprozentig X11/ Motif kompatibel ist.

Ergänzend werden die existierenden Kommunikations- bzw. Computernetze untersucht. Leitbild ist das Prinzip der Schnittstellenminimalität, d.h. eine möglichst singuläre Netzanbindung von Telekooperationssystemen am Arbeitsplatz. Ferner ist es wichtig, daß Netzressourcen effizient genutzt werden und der Betrieb sog. unternehmenskritischer Anwendungen nicht in Mitleidenschaft gezogen wird. Folglich sollten die Telekooperationssysteme über ein integriertes Bandbreitenmanagement verfügen. Im Idealfall bestehen Schnittstellen zu unternehmensweiten Netzwerkmanagment-Systemen, so daß eine zentrale Überwachungsmöglichkeit im Sinne eines „Frühwarnsystems“ realisiert werden kann.

Untersuchung der Conferencing-Fähigkeit

Mit Bezug auf die Anwendungsprogramme, insbesondere CAD-Systeme, steht die Conferencing-Fähigkeit im Vordergrund der Analyse. So ist selbst beim Einsatz von Standard-X11 und TCP/IP zu beachten, daß diverse Variationen von Fonts, Tastaturbelegungen, Display-Größen, Farbtiefen, Farbmodi etc. auf den Konferenzsystemen auftreten können, die einer produktiven Nutzung im Weg stehen können. Zusätzlich muß in Betracht gezogen werden, daß auch „höhere" Graphikprotokolle wie OpenGL auftreten können. Ein weiterer Unterpunkt ist die Conferencing-Performance. In diesem Zusammenhang ist zu prüfen, ob effektive Kompressionsalgorithmen eingesetzt werden und nur ein geringer datentechnischer Konferenz-Overhead vorliegt. Engpaß im Sinne der Performance sollte zumindest bei unternehmensübergreifenden CAD-Konferenzen die Netzinfrastruktur sein.

Sicherheit der Netzinfrastruktur

Eine besondere Relevanz im Anwendungsfall besitzt die Sicherheit der Netzinfrastruktur bzw. der Informationsschutz. In diesem Zusammenhang sollten übertragende Daten vom Nutzer als besonders schutzwürdig klassifiziert werden können und eine spezifische Sicherheitsarchitektur softwaretechnisch vorgehalten werden. Zusätzlich muß eine Zugangs- und Ausgangskontrolle definiert werden, so daß Art und Umfang der gegenseitig genutzen Informationen dem jeweiligen Konferenzpartner transparent ist und keine unbemerkte Kopie erstellt wird. Dabei ist generell zu untersuchen, ob durch eine wachsende Installationsbasis von Telekooperationssystemen, Standortwechsel, veränderte Systemkonfigurationen etc. die Sicherheit nicht gefährdet wird.

Einführungsphasen

Letztlich ist im Hinblick auf Einführung und Betrieb zu analysieren, wie die einzelnen Phasen - (1) Vorbereitungs- und Testphase, (2) Pilotphase, (3) Überführungs- bzw. Transferphase, (4) Produktivbetrieb - inhaltlich und kapazitiv von Seiten der EDV-Abteilungen hinterlegt werden können, so daß jede Phase hinsichtlich der Ziele, der Dauer und des Umfanges abgegrenzt werden kann. Nur auf diese Weise ist ein erfolgreiches Projektmanagement möglich. Entscheidend ist auch eine effektive Systemwartung durch den jeweiligen Anbieter, sowie eine enge Abstimmung mit dem Promotor für eine kundenorientierte Betreuung der Anwender während der Test- und Pilotphase bzw. im Produktivbetrieb (Hotline, vor-Ort Support mit garantierten Reaktionszeiten etc.).

### 3.2.7 Telekooperationskonzept

Bestandteile des Telekooperationskonzepts

Die Ergebnisse der Diagnosephase ergeben ein vierteiliges Konzept, wie die Entwicklungskooperation zukünftig telekooperativ unterstützt wird (Bild 3.17.):

- Das Organisationskonzept, welches die angepaßten Kommunikationsszenarien bzw. die reorganisierten telekooperativen Arbeitsprozesse beschreibt (siehe Kap. 3.2.8).
- Das Technologiekonzept, welches die Systemanforderungen und darauf ausgewählte Standardsysteme bzw. Testinstallationen enthält (siehe Kap. 3.2.9).
- Das Personalentwicklungskonzept, welches den Qualifizierungsbedarf und die entsprechenden Qualifizierungsmodule enthält (siehe Kap. 3.2.10).

Diese Konzepte basieren auf den Ergebnissen der in den vorherigen Kapiteln diskutierten Analyseschritte. Zusätzlich ist ein OE-Konzept enthalten, welches die Vorgehensweise im Rahmen der Aktionsphase definiert und insbesondere die Pilotbereiche und die Migrationsstrategie zum breiten Einsatz von Telekooperation festlegt.

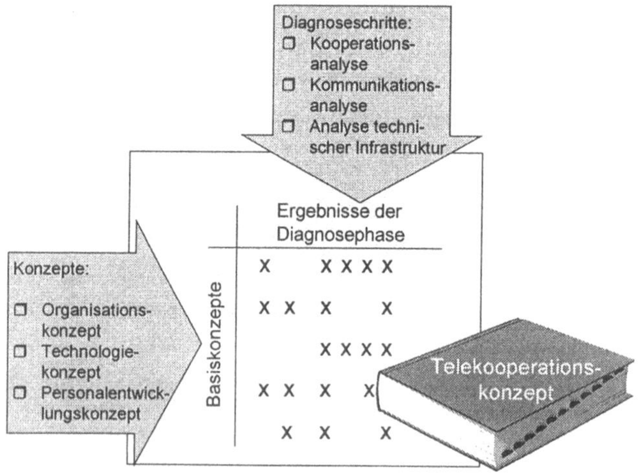


**Bild 3.17.** Telekooperationskonzept

Das OE-Konzept wird vom Prozeßpromotor in Zusammenarbeit mit den entsprechenden Mitarbeitern aus den Bereichen Informationstechnik, Unternehmensorganisation und Personalwesen erstellt. Auf Basis der Potentialbewertungen aus der Diagnosephase (Bild 3.18.) werden Pilotbereiche definiert, in denen die Einführung von Telekooperation als besonders vielversprechend oder notwendig erscheint. Im Rahmen von Entwicklungskooperationen in der Automobilindustrie haben sich die folgenden Pilotbereiche als gängig erwiesen (SPRINGER et al. 1997).

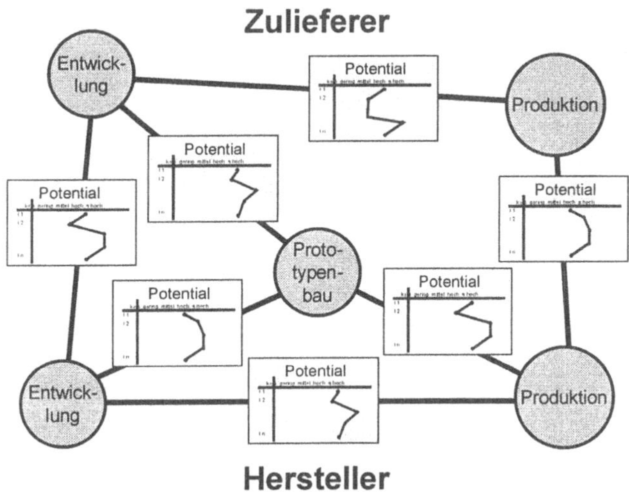


**Bild 3.18.** Ableitung von Piloten auf Basis der Potentialbewertungen

Pilotprojekt Konstruktion

Abstimmungen an CAD-Modellen

Ziel des Piloten ist die Verbesserung der Abstimmungsprozesse zwischen den Konstrukteuren von Hersteller- und Zulieferunternehmen. Hierfür können insbesondere arbeitsplatznahe PC- und workstationbasierte Konferenzsysteme eingesetzt werden. Über das Shared Whiteboard und das Application Sharing werden Konstruktionsstände und Probleme unter Einbindung von CAD-Modellen frühzeitig diskutiert, ohne daß auf eine Dienstreise zurückgegriffen werden muß. Regelmäßige SE-Teamsitzungen zwischen Hersteller- und Zuliefermitarbeitern können dadurch von bilateralen Abstimmungen befreit und - bei konsequenter Umsetzung von Telekooperation - seltener einberufen werden.

Pilotprojekt Prototypenbau

Abstimmungen an Prototypen

Der Pilot Prototypenbau hat zum Ziel, von möglichst vielen Standorten des Kooperationsnetzes aus kurzfristig Abstimmungen an den Prototypen vorzunehmen zu können. Technologisch liegt der Schwerpunkt auf dem Einsatz mobiler Teleconferencing-Systeme sowie dem Einsatz von digitaler Photographie. Hierdurch können bspw. Problemlöseprozesse erheblich schneller und ohne Dienstreisen abgewickelt werden. Im Rahmen der Produktionsvorbereitung kann die Qualifizierung von Mitarbeitern bzgl. Produkt und Produktionsprozeß unterstützt werden.

Pilotprojekt Qualitätssicherung

Visualisierung von Qualitätsproblemen

Das Pilotprojekt Qualitätssicherung hat die Unterstützung der Prozeßkette Produktion Hersteller - Produktion Zulieferer - Entwicklung Zulieferer - Entwicklung Hersteller bei der Klärung und Abstellung von Qualitätsproblemen zum Ziel.

Technologisch können PC-basierte Konferenzsysteme, Video und die digitale Photographie eingesetzt werden. Im Rahmen der Kommunikationsoptimierung wird der Qualitätssicherungsprozeß erfaßt und der standortübergreifende Einsatz von Telekooperation definiert und vereinbart. Somit kann eine schnelle Visualisierung und Diskussionsmöglichkeit von Qualitätsproblemen garantiert werden.

Pilotprojekt Projektmanagement

Unterstützung der Projektkoordination

Im Rahmen eines derartigen Piloten werden Projektverantwortliche, die häufig an unterschiedlichen Standorten arbeiten, durch Telekooperation unterstützt und in regelmäßig tagende Gremien durch Gruppenkonferenzsysteme eingebunden. Der Einsatz von mobilen Konferenzsystemen ermöglicht die Einbindung von wechselnden Standorten aus.

Begleitend zu den Pilotprojekten erfolgt eine Analyse, bei welchen Aufgaben des Einführungsbereichs Telekooperation oder eine Dienstreise die geeignetere Kommunikationsstrategie ist. Die hieraus gewonnenen Strategien können den Mitarbeitern als Orientierungshilfe bereitgestellt bzw. können als Grundlage für Vereinbarungen zur Kommunikation im Fahrzeugprojekt herangezogen werden.

### 3.2.8 Reorganisation

Reorganisation als Basis von Telekooperation

Der Einsatz moderner Informations- und Kommunikationstechnologien geht i.a. mit organisatorischen Veränderungen einher (FRÖSCHLE 1993). Werden diese nicht vollzogen, so kann durch die neuen Technologien keine ausreichende Wirkung erreicht werden (PICOT 1995). Die erforderlichen Reorganisationsmaßnahmen gliedern sich in drei Schwerpunkte (Bild 3.19.):

- Reorganisation der kooperativen Entwicklungsprozesse,
- Neuverteilung von Entscheidungskompetenzen in den betroffenen Unternehmensbereichen,
- Organisatorische Integration der technischen Supportstellen.

Voraussetzung zur Erschließung des vollen Potentials von Telekooperation ist eine organisatorische Anpassung bzw. Reorganisation der unternehmensübergreifenden Geschäftsprozesse unter Berücksichtigung der durch die neuen Technologien erweiterten Möglichkeiten der Informationsverteilung. Die Reorganisation baut direkt auf den Ergebnissen der Prozeßkettenanalyse auf, wobei die Maßnahmen des Organisationskonzepts umgesetzt werden.

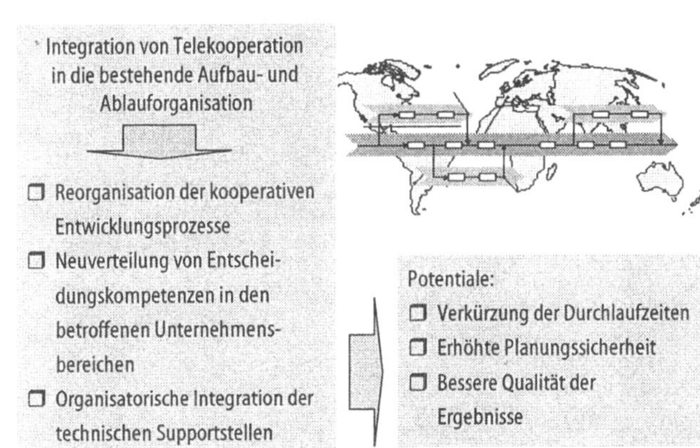


**Bild 3.19.** Umsetzung der Reorganisationsmaßnahmen

Kompetenzen der Prozeßinhaber

Die Einführung von Telekooperation in die einzelnen Arbeitsprozesse bewirkt nur dann eine Beschleunigung der kooperativen Prozesse, wenn der Prozeßinhaber über ausreichende Kompetenzen verfügt, um die im

Rahmen der Telekooperationssitzung getroffenen Entscheidungen umgehend umzusetzen. In vielen Unternehmensbereichen bedarf es hierfür derzeit noch der Zustimmung der Projektleiter oder entsprechender Entscheidungsgremien, wie bspw. SE-Teamsitzungen.

Eine solche Vorgehensweise limitiert aufgrund hoher Zeitverzögerungen im Anschluß an die Telekooperationssitzung wesentliche Potentiale zur Beschleunigung der Entwicklungsprozesse. Im Zuge der Reorganisation müssen daher existierende Regelungen zur Abwicklung von Entscheidungssituationen kritisch überprüft und ggf. den zuständigen Prozeßinhabern erweiterte Befugnisse zugesprochen werden. Dies muß jedoch durch ausreichende qualifizierende Maßnahmen unterstützt werden.

Organisatorische Integration des Support

Telekooperation beinhaltet eine Technologie, für die in den meisten Unternehmen derzeit noch keine expliziten Supportstrukturen bestehen. Aktuell wird die technische Unterstützung daher in vielen Fällen von Mitarbeitern des Netzwerks- oder CAD-Support vorgenommen.

Häufig ist eine Optimierung der konventionellen Support-Strukturen notwendig, weil Telekooperationssysteme einerseits sämtliche technischen Ebenen tangieren („vom Kabel bis zum Anwendungsprogramm") und andererseits unternehmensübergreifend eingesetzt werden.

Aufgrund der hohen technischen Komplexität besteht bei einer unzureichenden organisatorischen Lösung die Gefahr von Zuständigkeitskonflikten. Diese Konflikte führen in der Regel zu unzureichenden technischen Systemlösungen sowie zu Verzögerungen in der Behebung von Systemstörungen. Es gilt daher, in der Umsetzungsphase neue Formen der Zusammenarbeit unterschiedlicher technischer Supportstellen zu entwickeln, die einen reibungslosen Betrieb von Telekooperation gewährleisten.

### 3.2.9 Technische Umsetzung

Phasenmodell zur technischen Umsetzung

Bei der technischen Umsetzung ist -insbesondere wenn die Telekooperationsinfrastruktur noch getestet werden muß- ein Vorgehensmodell mit vier Phasen geeignet, um möglichst schnell und erfolgreich eine produktive Nutzung der Telekooperationssysteme zu gewährleisten. Diese vier Umsetzungsphasen sind:

- Vorbereitungs- und Testphase,
- Pilotphase,
- Transferphase und
- Produktivbetrieb (siehe Kap. 3.2.12)

Jede Phase wird hinsichtlich der Ziele, der Dauer und des Umfanges so definiert, daß beim jeweiligen Abschluß ein Ergebnisbericht erstellt werden kann. Die nächste Phase wird erst eingeleitet, wenn aufgrund der Ergebnisse der vorherigen Phase das sog. Gateway passiert werden konnte, das heißt, die vorherige Phase wurde nach Meinung der Verantwortlichen erfolgreich abgeschlossen (Bild 3.20.).

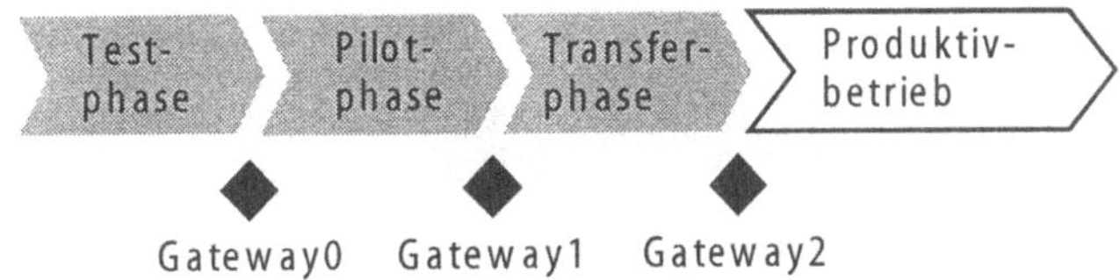


**Bild 3.20.** Phasenmodell der technischen Umsetzung

Testphase

Die Vorbereitungsphase wird begonnen, indem auf Basis des Technikkonzepts der Handlungsbedarf für eine Testinstallation von Telekooperationssystemen von den Fachstellen klar artikuliert wird. Für eine vorläufige Systemauswahl dienen technische und anwenderorientierte Kriterienkataloge.

Die Leistungsfähigkeit unterschiedlicher Systeme kann anhand von Praxisszenarien geprüft werden. Die wichtigsten Prüfpunkte bei synchronen Telekooperationssystemen betreffen das Application Sharing und die Videoqualität (falls Video vorhanden). Zur Prüfung des Application Sharing sollte ein typischer Ablauf aus der Konstruktionspraxis gewählt werden, der Lade-, Dreh- und Zoomoperationen enthält.

Es werden CAD-Modelle einfacher, mittlerer und hoher Komplexität zwischen zwei Systemen im Rahmen eines Application Sharing visualisiert und bearbeitet. Durch Messung der Zeiten für die gemeinsame Bearbeitung und eine Beurteilung der Systemhandhabung können die Systeme bewertet werden. Die Videoqualität sollte dahingehend überprüft werden, ob die Bildauflösung den Anforderungen aus dem Entwicklungsprojekt bei der Visualisierung von Bauteilen, Plots und bewegten Objekten etc. entspricht.

Zur anwenderorientierten Bewertung von Telekooperationssystemen wurde im Projekt CONTACT ein Kriterienkatalog entwickelt, der in kondensierter Form Anwenderanforderungen enthält. Die Anforderungen sind nach 14 Kriterien gegliedert, wie Bild 3.21. darstellt. Im Rahmen der Systemprüfung wird für jedes Kriterium ein Erfüllungsfaktor bestimmt, mit dem das System die jeweilige Anforderung abdeckt.

Gliederung der anwenderorientierten Kriterien

K1 Technischer Vorbereitungsaufwand für die eigentliche Kommunikation
K2 Schnittstellen der Kommunikation, Mehrpunktkonferenzen
K3 Persönliches Gespräch
K4 "Sprechbarer" Text
K5 Ton/Geräusch
K6 Dokumente
K7 Objekte
K8 Art der Nutzung der Kommunikation, Komplexität
K9 Dokumentation, Speicherung
K10 Weiterverarbeitung, Schnittstellen zu anderen Systemen
K11 Kompatibilität
K12 Systemführung
K13 Anspruch an Kommunikation
K14 Mobilität

| Anwenderanforderungen | | | Technische Unterstützung | | | | | Bewertung |
|---|---|---|---|---|---|---|---|---|
| Kriterien | Gew.-faktor G | Anw.-bedarf | System | Erfüll.-faktor E | Prüfkriterien | Testszenarien | Techn. Realisation | Teilwert G * E |
| : | : | | | | : | : | : | |
| pers. Gespr. | 10 | X | X | 1 | Prüfkriterium J | Testszenario J | Techn. Real. J | 10 |
| "spechb." Text | 10 | | | | Prüfkriterium K | Testszenario K | Techn. Real. K | |
| Ton/Geräusch | 10 | | | | Prüfkriterium L | Testszenario L | Techn. Real. L | |
| Dokumente | 10 | X | X | 0,5 | Prüfkriterium M | Testszenario M | Techn. Real. M | 5 |
| Objekte | 10 | | X | | Prüfkriterium N | Testszenario N | Techn. Real. N | |
| : | : | | | | : | : | : | |
| : | : | | | | : | : | : | |
| : | : | | X | | : | : | : | |
| : | : | | | | : | : | : | |
| | | | | | | | | Σ 15 |

**Bild 3.21.** Anwenderorientierter Kriterienkatalog

Pilotphase

Für jede Pilotinstallation ist ein technischer Verantwortlicher bei den Partnerunternehmen zu benennen. Dieser ist für die folgenden Phasen zuständig und plant gemeinsam mit dem Prozeßpromotor die notwendigen Ressourcen und Kapazitäten ein. Ferner ist mit den Pilotanwendern abzustimmen, daß die Betreuung durch diesen technischen Verantwortlichen vorläufig ist und nur für die nachfolgende Pilot- und Überführungsphase gilt.

Planbare Aufwände für die Systembetreuung in einem möglichen Produktivbetrieb sind abzuschätzen und bei der Entscheidung für eine Pilotinstallation zu berücksichtigen. Wichtig ist es auch, daß alle Systempartner erkennen, daß während der nachfolgenden Pilot- und Transferphase eine eingeschränkte technische Verfügbarkeit möglich sein kann, da in der Regel weder technisch noch personell ein „Backup" vorgesehen ist.

In der Pilotphase findet eine durchgängige Anwenderbetreuung durch die Promotoren und die technischen Verantwortlichen bei den jeweiligen Kooperationspartnern statt. Ziel ist es, bereits in diesem frühen Stadium möglichst viele und vielfältige Produktivkonferenzen durchzuführen, so daß bereits eine möglichst genaue Nutzenabschätzung ermöglicht wird (siehe Kap. 3.2.11). Ergänzend ist die Robustheit der eingesetzten Telekooperationssysteme zu untersuchen. Die nächste Phase sollte erst freigegeben werden, wenn sichergestellt ist, daß im Sinne einer Engpaßbetrachtung sowohl die relevanten Arbeitsprozesse angemessen unterstützt werden als auch eine Robustheit erreicht ist, die in weniger als 10% der Telekonferenzen zu Unterbrechungen führt.

Transferphase

Die nachfolgende Transfer- bzw. Überführungsphase ist dadurch gekennzeichnet, daß die technischen Verantwortlichen eine Neuvereinbarung bzgl. der Anwenderbetreuung mit den entsprechenden EDV-Stellen vereinbaren. Auf diese Weise wird sichergestellt, daß eine Verbreitung der Telekooperationssysteme forciert werden kann, ohne daß ein Support-Engpaß entsteht.

### 3.2.10 Qualifizierungsmaßnahmen

Vor und während der Durchführung der Pilotprojekte wird eine Qualifizierung gemäß des in der Konzeptphase erstellten Qualifizierungskonzepts durchgeführt. Vor Beginn der Piloten sollten die teilnehmenden Mitarbeiter bereits bezüglich der Grundlagen der Telekooperation und der Handhabung von Telekooperationssystemen qualifiziert worden sein.

„out the job"- und „near the job"- Qualifizierung

Bei den Qualifizierungsstrategien ist zwischen einer „out the job"- und einer „near the job"-Strategie zu unterscheiden. Die „out the job"-Qualifizierung findet in eigens dafür eingerichteten Schulungsräumen unter Verwendung standardisierter Schulungsunterlagen statt. Es stehen mehrere Telekooperationssysteme zum PC-Conferencing und Videoconferencing zur Verfügung. Dem Vorteil einer ungestörten Lernatmosphäre steht der Nachteil einer weniger praxisnahen Schulung gegenüber.

Die „near the job"-Qualifizierung beinhaltet Trainings am Arbeitsplatz und im Arbeitsprozeß. Die Mitarbeiter lernen an tagesaktuellen Problemen aus der Entwicklungskooperation den Umgang mit Telekooperationssystemen und deren Integration in den Arbeitsprozeß kennen. Diese Strategie empfiehlt sich insbesondere dann, wenn Systeme bereits installiert wurden und Prozeßpromotoren an den unterschiedlichen Standorten die Qualifizierungen zeitnah zum Arbeitsprozeß durchführen können. Dadurch, daß mehrere Mitarbeiter einer Arbeitsgruppe zur Personalentwicklung zusammengezogen werden können („Zirkel"-Charakter), wird der Kooperationsaspekt in der Anwendung der Kommunikationswerkzeuge verstärkt.

Die Auswertung mehrerer Qualifizierungsmaßnahmen zur Telekooperation verdeutlicht die Notwendigkeit, Qualifizierungsmaßnahmen mit dem Einführungsprozeß eng abzustimmen („near the job"-Qualifizierung).

Arten von Qualifizierungsmodulen

Bei den Qualifizierungsmodulen ist zwischen technischen, organisatorischen und personenbezogenen Modulen zu unterscheiden. Technische Module beinhalten den Umgang mit Telekooperationssystemen und deren Funktionalitäten. Organisatorische Module beinhalten die Durchführung telekooperativer Arbeitsprozesse und personenbezogene Module die Vermittlung einer telekooperativen Kommunikationskultur. Zudem muß die Bereitschaft zur unternehmensübergreifenden Zusammenarbeit gegebenenfalls in Teamtrainings gefördert werden, damit auf dieser Basis Telekooperation erfolgreich genutzt wird.

Eine Basis für die Durchführung von Qualifizierungen bilden die im folgenden beschriebenen Module (siehe Bild 3.22.).

## Grundlagen der Telekooperation

Grundlagen der Telekooperation

Dieses Modul gibt einen Überblick über die Anwendungsmöglichkeiten und die Bedienung unterschiedlicher Systemtypen (bspw. PC-basiert, Workstation-basiert). Dabei werden die zur Erfüllung der Aufgaben notwendigen unterschiedlichen Systemfunktionalitäten erläutert und gegenübergestellt. Bspw. wird das Arbeiten über die Dokumentenkamera eines Videokonferenzsystems mit dem Arbeiten über das Shared Whiteboard eines PC-Systems verglichen und diskutiert. So können gemeinsam mit den Mitarbeitern frühzeitig wesentliche Funktionalitäten für den Arbeitsalltag bestimmt werden. Das Modul ist zudem für die Orientierung von Führungskräften gedacht, die über den Einsatz von Telekooperation in weiteren Arbeitsprozessen nachdenken.

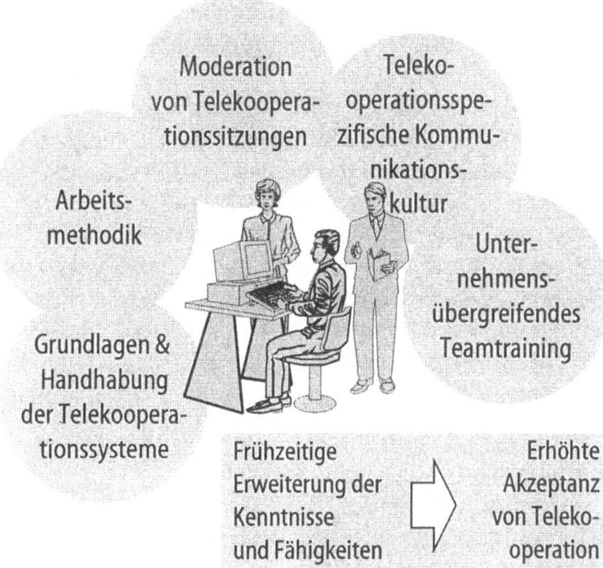


**Bild 3.22.** Qualifizierungsmodule

Handhabung von Telekooperationssystemen

Systemhandhabung

Aufbauend auf dem Orientierungsmodul werden in diesem Modul ausgewählte Systeme in allen Funktionalitäten vorgestellt und anhand von Beispielszenarien aus der telekooperativen Produktentwicklung trainiert. Die Schulung schließt die Hilfe zur Selbsthilfe mit ein, so daß selbständig kleinere Probleme ohne die Hinzunahme von Betreuern gelöst werden können.

Arbeitsmethodik

Vor- und Nachbereitung von Sitzungen

Telekooperationssitzungen erfordern eine andere Vorbereitung als persönliche Sitzungen vor Ort. Werden für letztere bspw. Zeichnungen ausgeplottet, ist bei der Vorbereitung der telekooperativen Sitzung das Whiteboard mit einigen Ansichten des zu diskutierenden CAD-Modells vorzubereiten. Bezüglich der Nachbereitung können die Vorteile einer elektronischen

Dokumentation und deren Versendung im Mittelpunkt stehen. Bspw. werden Whiteboard-Protokolle an die Sitzungsteilnehmer und andere Projektbeteiligte per Email verschickt.

Moderation von Telekooperationssitzungen (Tele-Moderator)

Moderation von Gruppensitzungen

Die Moderation von Besprechungen über Telekooperation mit einem Teilnehmerkreis von mehr als sechs Personen ist gegenüber der Moderation von Sitzungen vor Ort verschiedenen Beschränkungen, aber auch Erweiterungen durch die Systeme unterworfen. Der Moderator ist bspw. für die Steuerung des Telekooperationssystems zuständig und hat gleichzeitig für die Telekooperation modifizierte Moderationstechniken einzusetzen. Hierzu gehört bspw. die Durchführung von „Kartenabfragen" über ein Whiteboard. Der Moderator muß zudem den Sprecherwechsel unter Einbezug seines Wissens um den systembedingten Zeitverzug koordinieren, Personen „ins Bild" holen und bei Mehrpunktkonferenzen Sorge tragen, daß alle Standorte Beiträge liefern.

Telekooperationsspezifische Kommunikation und Kommunikationskultur

Telekooperationsspezifische Kommunikationskultur

Die Kommunikation über Telekooperationssysteme ist gegenüber persönlichen Treffen verschiedenen Beschränkungen unterworfen. Dazu gehört insbesondere die vergleichsweise schlechte Bild- und Tonqualität, der Verlust der Möglichkeit, im Raum umherzuschauen, Kommunikationsunterbrechungen durch die Systembedienung und die Zeitverzögerung in der Informationsübertragung. Personen, die zum ersten Mal mit Telekooperationssystemen in Berührung kommen, können durch das Erleben und die Diskussion dieser Beschränkungen erheblich schneller an die telekooperative Kommunikation gewöhnt werden.

Telekooperationssysteme erfordern zudem eine Anpassung der Kommunikationskultur. Dazu gehört bspw. die Verdeutlichung typischer Probleme, die durch die Zeitverzögerung der Systeme entstehen, wie ins Wort fallen, die Möglichkeiten zur Kamerasteuerung der Partnerkamera oder die Einhaltung von Sicherheitsaspekten gegenüber dem Kooperationspartner. Wird ein Mitarbeiter bspw. während einer Telekooperationssitzung vom Platz gerufen, bedeutet der Entzug der Zugriffsrechte seines Partners im Rahmen eines Application Sharing eine Sicherheitsmaßnahme, die nicht als persönliches Mißtrauen interpretiert werden darf. Solche sicherheitsrelevante Regeln müssen zunächst von allen Partnern gelernt und vereinbart werden.

Unternehmensübergreifendes Teamtraining

Unternehmensübergreifendes Teamtraining

Eine Grundvoraussetzung für den erfolgreichen Einsatz von Telekooperation ist die Bereitschaft der Mitarbeiter zur Kooperation, die nicht immer vollständig gegeben ist. Unternehmensübergreifendes Teamtraining beinhaltet Elemente des herkömmlichen Teamtrainings, welches die Bereitschaft zur Zusammenarbeit von Personen und den Teamgedanken fördert. Erweitert wird es um die speziellen Problemstellungen, die sich aus der unternehmensübergreifenden Zusammenarbeit ergeben. Dazu gehört bspw. die Akzeptanz unterschiedlicher Unternehmenskulturen.

Abstimmung zwischen Qualifizierung und Systemeinsatz

Im Rahmen der Konzeptumsetzung muß vom Prozeßpromotor sichergestellt sein, daß nach den Qualifizierungen Telekooperationssysteme an allen Standorten des verteilten Entwicklungsprojekts verfügbar sind. Anderenfalls sind die Qualifizierungsmaßnahmen bereits nach kurzer Zeit wertlos: Bereits vier Wochen zeitliche Differenz zwischen der Schulungsmaßnahme und dem ersten Einsatz von Systemen erfordert erfahrungsgemäß erneuten Schulungsbedarf.

Weitere Potentialbeurteilung

Nach der Durchführung von Qualifizierungsmaßnahmen zur Telekooperation kann eine zweite Erhebung zur Potentialbeurteilung durch die Mitarbeiter erfolgen. Zu diesem Zeitpunkt haben diese bereits aktiv mit der Technik gearbeitet und damit eine genauere Vorstellung von den Potentialen von Telekooperation für ihre Arbeitsprozesse. Abweichungen von der ersten Potentialbeurteilung können analysiert und ggf. Konzeptänderungen vorgenommen werden.

### 3.2.11 Anwenderunterstützung in den Piloten

Die Pilotphase des Einführungsprozesses beginnt, sobald die nötige Infrastruktur auf Basis des Telekooperationskonzepts aufgebaut wurde und Basis-Qualifizierungsmaßnahmen durchgeführt worden sind. In der Pilotphase werden die Mitarbeiter zunächst intensiv durch die Prozeßpromotoren unterstützt. Hauptaufgaben der Prozeßpromotoren zu diesem Zeitpunkt sind:

Unterstützung und Beratung der Mitarbeiter bei der Systemanwendung

Anwenderberatung und Unterstützung

Im Rahmen des Einführungsprozesses kann bspw. zunächst für Gruppensitzungen die Sitzungsvorbereitung, die Systembedienung und ggf. die telekooperationsspezifische Sitzungsmoderation vom Prozeßpromotor übernommen werden, damit sich die Beteiligten auf ihre inhaltliche Arbeit konzentrieren können. Hierdurch werden die Mitarbeiter daran gewöhnt, Telekooperation als ein nützliches Element in ihrem Arbeitsalltag wahrzunehmen, ohne durch die Nutzung zusätzlich belastet zu werden. Eine schrittweise Reduktion der Unterstützung führt zum eigenständigen Einsatz.

Koordination der Eliminierung technischer Probleme

Eliminierung technischer Probleme

Treten zu Beginn der Nutzung von Telekooperationssystemen häufig Störungen auf, wird dadurch die Motivation der Mitarbeiter zur Nutzung nachhaltig gesenkt. Daher sollte am Anfang eines Piloten -insbesondere zu einem Sitzungsbeginn- ein Prozeßpromotor anwesend sein, der ggf. bei Problemen eingreift, diese selbst löst bzw. die Lösung bei den entsprechenden Stellen (technischer Support) veranlaßt.

Begleitende Qualifizierung

Begleitende Qualifizierungen

Gegenüber der klassischen Qualifizierungsmaßnahme „out the job“ besteht für den Prozeßpromotor auch während des Piloten bei häufiger auftretenden Fragen die Möglichkeit, ergänzende Qualifizierungen durchzuführen. Zudem kann er vertiefende Qualifizierungsmodule (bspw. Tele-Moderator) auslösen, wenn der Zeitpunkt hierfür sinnvoll ist.

Überprüfung, inwieweit die telekooperativen Prozesse „gelebt“ werden

Überprüfung der Nutzung von Telekooperation

Im Verlauf eines Einführungsprojekts kommen telekooperative Prozesse immer wieder zum Erliegen, sobald Probleme auftreten. Diese müssen nicht zwangsläufig auf der „eigenen Seite“ liegen oder rein technischer Natur sein. Aufgabe des Prozeßpromotors ist es, frühzeitig zu erkennen, wenn sich eine Reduktion des Einsatzes von Telekooperation einstellt. Die Gründe hierzu sind mit den Mitarbeitern zu diskutieren und

Problemlösungen zu erarbeiten. Wichtig für die Problemlösung ist der ständige, intensive Austausch der Prozeßpromotoren aller beteiligten Standorte.

Durchführung von Bewertungsworkshops

Bewertung der Potentialumsetzung

Nach einer produktiven Einsatzphase im Verlauf der Aktionsphase erfolgt eine Erhebung bei einem Feedback-Workshop, in welchem anhand der Kriterien (siehe Kap. 3.2.5.1) die nunmehr von den Mitarbeitern einschätzbaren Potentiale und Potentialumsetzungen erhoben werden. Dabei sind insbesondere abweichende Bewertungen der unterschiedlichen Partnerstandorte der Kooperation zu beachten. Möglicherweise fühlen sich Mitarbeiter eines Standortes benachteiligt, weil sie durch die Einführung von Telekooperation Nachteile erlangt haben, während ein anderer Standort ausschließlich von der Einführung profitiert.

Ableitung von Maßnahmen zur Optimierung der telekooperativen Prozesse

Optimierung der Prozesse

Wird von den Mitarbeitern eine geringe Potentialumsetzung attestiert, müssen die Ursachen hierfür gesucht werden. Diese dienen als Grundlage für die Optimierung der telekooperativen Arbeitsprozesse. Der Erfolg der Optimierungsmaßnahmen wird nach einer weiteren Phase wiederum überprüft (siehe Bild 3.23.).

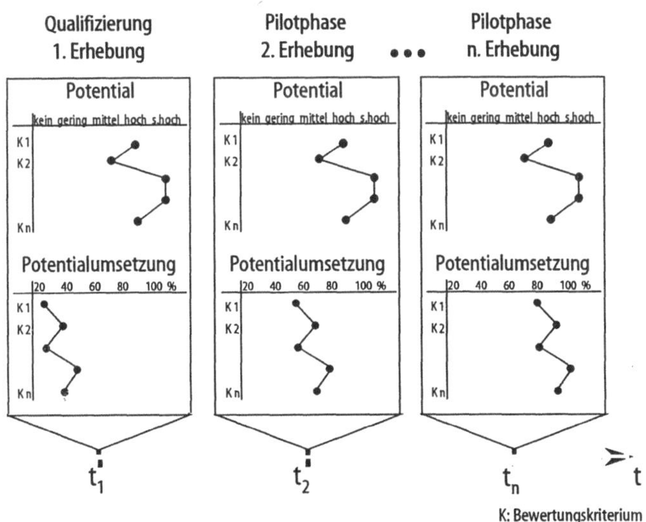


**Bild 3.23.** Mehrfache Bewertung und Optimierung in der Pilotphase

Eine Institutionalisierung von Telekooperation ist dann eingetreten, wenn die Potentiale bezüglich der einzelnen Kriterien zu nahezu 100% umgesetzt werden. Dann ist der jeweilige Pilot vom Prozeßpromotor in den produktiven Einsatz überführt und eine Betreuung wie in der Pilotphase ist nicht mehr erforderlich.

### 3.2.12 Betrieb und Betreuung im unternehmensweiten Einsatz

Ziele des Betriebs- und Betreuungskonzepts

Die vierte Phase des in Kapitel 3.2.9 beschriebenen Phasenkonzepts für die technische Umsetzung beinhaltet die Entwicklung und Implementation des Betriebs- und Betreuungskonzepts für den unternehmensweiten produktiven Einsatz. Dieses muß in der Umsetzungsphase mit den entsprechenden Organisationsstrukturen und Mitarbeitern hinterlegt werden. Das Betriebs- und Betreuungskonzept hat zum Ziel:

- klare Zuständigkeiten und Verantwortungen für die Telekooperationsbetreuung zu definieren und damit Transparenz in Richtung der Kunden (Entwicklungskooperation, Fahrzeugprojekt etc.) zu bieten,
- Systeme arbeitsfähig zu halten,
- Systemschwächen (bspw. Stabilitätsprobleme) sukzessiv zu beseitigen und damit die
- Anwenderakzeptanz sicherzustellen.

Übergabe der Promotorenerfahrungen

Die Unterstützung des breiten produktiven Einsatzes kann nicht mehr vom Prozeßpromotor geleistet werden. In dieser Phase sind die Verantwortlichkeiten endgültig auf die EDV-Stellen übergegangen und der Promotor nimmt nunmehr eine Beratungsrolle ein. Seine Aufgabe besteht insbesondere darin, die Erfahrungen aus den Piloten zusammenzustellen und den entsprechenden organisatorischen Stellen zur Verfügung zu stellen (Bild 3.24.). Dabei ist es aus rein technischer Sicht gleichgültig, ob die breite Unterstützungsleistung von internen oder externen Anbietern erbracht wird. Die Entscheidung über Fremd- oder Eigenleistung sollte sich an langfristigen Unternehmenszielen ausrichten und in Einklang mit der EDV-Strategie stehen.

Insbesondere bei einer Fremdvergabe ist es empfehlenswert, die Bewertungen des Einsatzes von Telekooperation in der produktiven Phase weiterhin durch den Promotor durchführen zu lassen, der ggf. auch die Optimierungsmaßnahmen veranlaßt.

Aufgaben der Systembetreuung

Das Konzept umfaßt verschiedene Stufen von der vorbereitenden Mitarbeiterberatung bis zum Abbau temporär installierter Systeme:

- Vorbereitende Beratung,
- Systemimplementierung,
- Laufende Nutzung / Störungsmanagement,
- Systemmodifikation und
- Abbau/Deinstallation.

Im Rahmen des Konzepts spielt die Überwachung des laufenden Systembetriebs die tragende Rolle. Auf technischer Seite muß insbesondere die Stabilität und Sicherheit der Kommunikationsnetze überwacht werden. Des weiteren sind die Telekooperationssysteme zu pflegen. Hierzu gehört bspw. die Softwarepflege und die Minimierung fahrlässiger Nutzung durch Implementation von Sicherheitsmaßnahmen. Zudem ist die Funktionsfähigkeit und Qualität der Komponenten sicherzustellen.

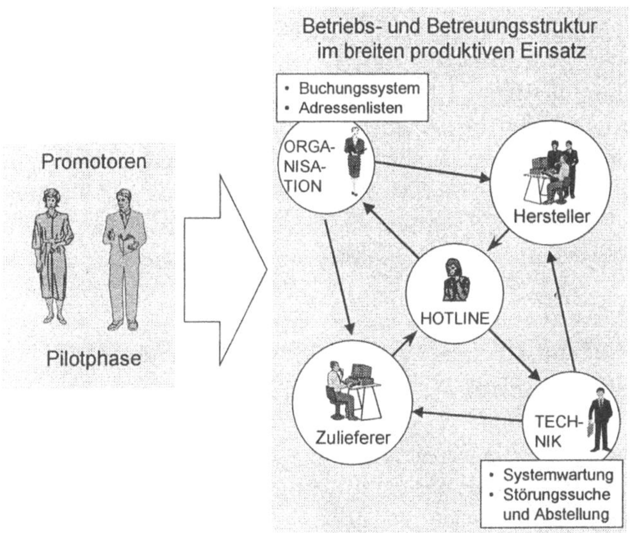


**Bild 3.24.** Support der Anwender bei unternehmensweiten Einsatz

Unternehmensübergreifender Support

Im Falle von Systemstörungen müssen Betreuer oder eine Störungs-Hotline auch außerhalb der normalen Dienstzeiten erreichbar sein. Dies gilt insbesondere für internationale Projekte mit standortbedingter Zeitverschiebung. Das Zusammenspiel der Betreuer unterschiedlicher Standorte bzw. Unternehmen ist von hoher

Wichtigkeit, da der fehlerbehaftete Standort oftmals nicht sofort entdeckt wird. Die Einrichtung besonderer Rechte für die unternehmensübergreifende Störungssuche bzw. Fernwartung entlang der Kommunikationskette hilft dabei, Fehler schnell einzugrenzen.

Mittels eines Konzepts zur unternehmensinternen bzw. unternehmensübergreifenden Störungssuche und einer Systematik der Fehlereingrenzung ist die Störungssuche flexibel durchführbar. Dabei sollte ein erfahrungsbasierter Katalog der Fehlerquellen erstellt werden. Für den Fall eines Systemausfalls sollten Ersatzsysteme flexibel bereitgestellt werden können.

Buchungssystem

Neben den technisch orientierten Tätigkeiten sind organisatorische Aufgaben zu erfüllen. Im Rahmen dieser ist bspw. das Buchungssystem für Konferenzsysteme und eine Fragen-Hotline zu führen. Ein Abrechnungssystem zur prozeßorientierten Kostenerfassung muß geführt werden.

Bewertung im produktiven Einsatz

Die Analyse von Systemauslastung, Effizienz der reorganisierten Prozesse und deren Akzeptanz wird von den Prozeßpromotoren mittels der Erfolgsfaktoren und der Bewertungskriterien zur Kommunikationsgüte durchgeführt. Die Analyse ermöglicht eine weitere Anpassung der organisatorischen Strukturen und der Systeme unter Einbezug der Mitarbeitererfahrungen. Die Nutzengrößen (bspw. Nutzungshäufigkeit, Kosten, Zeit, Qualität) werden für die im folgenden dargestellte Wirtschaftlichkeitsrechnung herangezogen.

## 3.3 Wirtschaftlichkeit von Telekooperation aus Unternehmenssicht

Während die Bewertung der Effekte von Telekooperation im Rahmen des Einführungskonzepts eher aus Mitarbeitersicht erfolgte, wird in diesem Abschnitt die Unternehmenssicht gewählt. Das Management vieler Unternehmen macht die Entscheidung für oder gegen Telekooperation stärker von monetären Aspekten und strategischen Gesichtspunkten als von „weichen" Faktoren, wie die Kommunikationsqualität abhängig.

Bereits in der Projektvorphase (siehe Kap. 3.2.2) sollte mit einer Wirtschaftlichkeitsanalyse als Basis einer Investitionsentscheidung begonnen werden. Da sich viele, auch strategische Aspekte von Telekooperation nur schwer quantifizieren lassen (REICHWALD et al. 1998; siehe Kap. 3.2.5.1), ist auch aus Unternehmenssicht der Einbezug nicht monetär quantifizierbarer Größen im Rahmen einer erweiterten Wirtschaftlichkeitsanalyse (EWA) notwendig.

### 3.3.1 Strategische Voraussetzungen für Telekooperation

Kundenprofil

Telekooperation bietet Unternehmen wirtschaftliche Effekte, wenn bestimmte Kooperationsvoraussetzungen erfüllt sind (NÖLLER 1998). Hierfür lassen sich telekooperationsspezifische Partnerprofile darstellen (Bild 3.25.). Wichtige Kriterien sind:

- Form der Zusammenarbeit,
- Dauer der Zusammenarbeit,
- Entfernung zum Partner und
- Umsatzbedeutung des Partners.

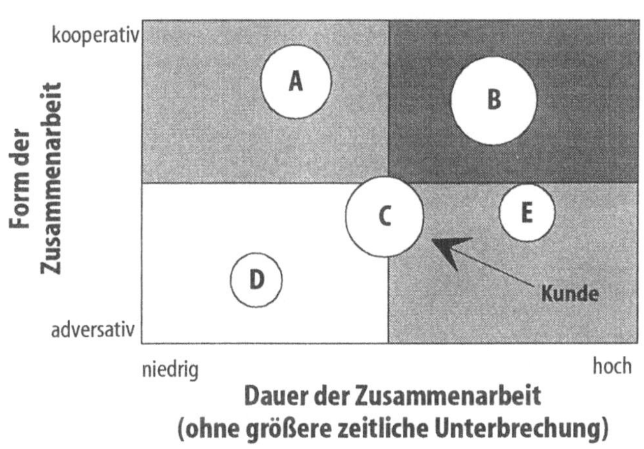


$$\text{Durchmesser} = \frac{\text{Umsatz x Summe Entfernung}}{\text{Anzahl Standorte}}$$

**Bild 3.25.** Partnerprofil

Partner, mit denen das Unternehmen langfristig und ohne größere zeitliche Unterbrechungen kooperativ zusammenarbeitet, sind für Telekooperation geeignet. Deren Bedeutung nimmt zu, wenn sie auch wesentlich zum Umsatz beitragen und zugleich große Entfernungen zu diesen Partnern zu überbrücken sind.

Projektprofil

Darüber hinaus muß sich auch die Art der Projekte für die Telekooperation eignen. Entscheidend ist der innerhalb der Projekte notwendige Koordinations- und Kommunikationsbedarf. Hierzu lassen sich die Projekte grob in einem Portfolio nach den Kriterien „Anzahl Schnittstellen" bzw. „Parallele Ausführung von Aktivitäten" einordnen. Telekooperation verspricht besonders große Vorteile bei Projekten, die einen hohen Parallelisierungsgrad und viele Schnittstellenbeziehungen aufweisen (Bild 3.26.).

Die Projektlaufzeit spielt eine untergeordnetere Rolle. Zur Einführung von Telekooperation ist der Aufbau einer komplexen technischen Infrastruktur sowie die Reorganisation von Geschäftsprozessen erforderlich. Dies lohnt sich in der Regel nicht für ein einzelnes Projekt. Daher kommt es auf die Gesamtdauer der Zusammenarbeit mit dem Partner an. Dieser Aspekt wird bereits bei der Erstellung des Partnerprofils berücksichtigt.

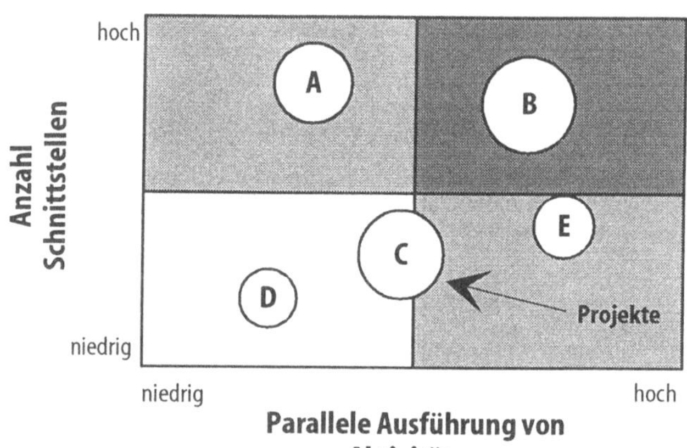


Legende:

TK = Telekooperation

- erhebliche Vorteile durch TK zu erwarten
- TK kann zu Vorteilen führen
- zu erwartende Vorteile durch TK eher gering

Durchmesser = Umsatzanteil dieser Projekte am Gesamtumsatz

**Bild 3.26.** Projektprofil

Qualifikationsprofil

Die Einführung von Telekooperation erfordert hohe Akzeptanz und kommunikatives Verhalten der Mitarbeiter. Für eine realistische Einschätzung der Erfolgsaussichten empfiehlt es sich daher, ein Qualifikationsprofil für die betroffenen Mitarbeiter aufzustellen (Bild 3.27.).

Der Umgang mit EDV-Systemen kann als Indikator für die zu erwartende Akzeptanz von TK-Systemen herangezogen werden. Mitarbeiter die häufig mit EDV-Anwendungen arbeiten, werden Telekooperationssystemen positiver gegenüberstehen als Mitarbeiter mit geringerer EDV-Erfahrung. Weiterhin ist die Form der Arbeitsorganisation ein Indikator für das kommunikative Verhalten der Mitarbeiter. Diejenigen, die viel in Gruppen oder Teams arbeiten, sind es eher gewohnt, Informationen frühzeitig auszutauschen und bereitwillig anderen Personen zur Verfügung zu stellen.

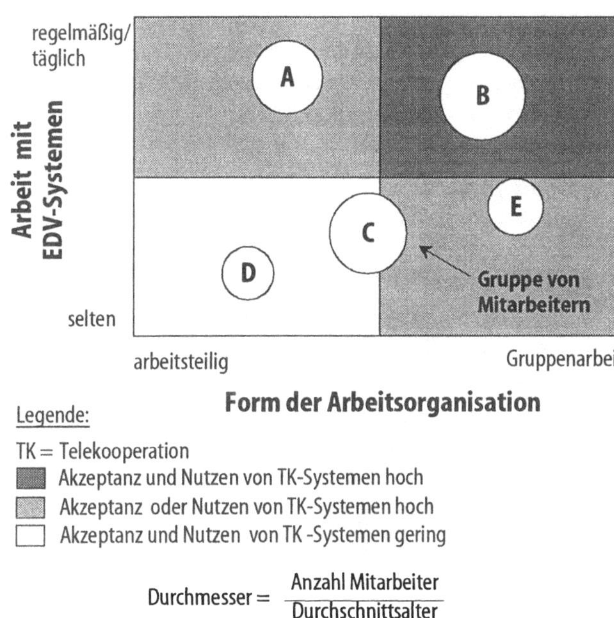


$$\text{Durchmesser} = \frac{\text{Anzahl Mitarbeiter}}{\text{Durchschnittsalter}}$$

**Bild 3.27.** Qualifikationsprofil

Anhand der zuvor erläuterten Profile ist es den Unternehmen möglich, eine erste grobe Schätzung über die Erfolgsaussichten einer TK-Einführung vorzunehmen bzw. Maßnahmen abzuleiten, die einen erfolgreichen Einsatz sicherstellen.

### 3.3.2 Monetäre Bewertung von Telekooperation

Aspekte der monetären Bewertung von Telekooperation

Vor der endgültigen Entscheidung, Telekooperation einzuführen, ist eine Wirtschaftlichkeitsrechnung durchzuführen. Für die meisten Unternehmen zählen hierbei vor allem die direkt nachweisbaren monetären Kosteneinsparungen.

Eine naheliegende und relativ leicht durchzuführende Wirtschaftlichkeitsrechnung ist der Vergleich von Abstimmungsgesprächen jeweils mit und ohne Unterstützung von Telekooperationssystemen. Die Grundlage sind dabei Kosteneinsparungen durch die Substitution von Dienstreisen. Nutzeneffekte durch eine veränderte Produkt- oder Prozeßqualität werden zunächst vernachlässigt. Es wird nur ein sehr geringer Teil der Vorteile von Telekooperation betrachtet. Häufig reicht dies aber schon aus, um eine Investition in Telekooperationssysteme zu rechtfertigen.

Die wichtigsten in einer solchen Wirtschaftlichkeitsrechnung zu berücksichtigen Kostenarten sind (siehe auch Kap. 3.2.5.1):

- Personalkosten,
- Dienstleistungskosten (bspw. Reiseaufwendungen, Übertragungskosten etc.) und
- Anlagenkosten (Anschaffung / Implementierung).

Die Gesamtkosten ergeben sich aus der Summe der Einzelkosten. Diese wiederum sind Funktionen der jeweiligen Kostenparameter und unabhängigen Variablen. Die Kostenparameter sind bspw. Personalkosten- und Spesensätze, Mietwagengebühr, Benzinpreis, ISDN-Kosten etc. Unabhängige Variablen sind:

- räumliche Entfernung der Konferenzpartner,
- Konferenzdauer und
- Konferenzhäufigkeit.

Die Entfernungsvariable wird durch die kooperierenden Unternehmen festgelegt. Konferenzdauer und -häufigkeit sind in starkem Maße von der jeweiligen Entwicklungsaufgabe abhängig. Bei der Konferenzdauer muß beachtet werden, daß im Rahmen einer Dienstreise in der Regel mehrere über den Tag verteilte Abstimmungsgespräche stattfinden, so daß die Reisekosten anteilig verrechnet werden müssen. Nach eigenen

Untersuchungen dauern Telekonferenzen im Schnitt 30% länger als vergleichbare konventionelle Konferenzen (SCHLICK et al. 1997).

Beispiel für einen Break-Even-Verlauf

In Bild 3.28. ist der Break-Even-Verlauf für eine Dienstreise per Mietwagen exemplarisch dargestellt. Den Berechnungen wurde ein Personalkostensatz von 135,- DM/Stunde und die ISDN-Tarifstruktur der Deutschen Telekom (Stand Juli 1996) zu Grunde gelegt. Weiterhin wurde davon ausgegangen, daß im Laufe einer Dienstreise mehrere Einzelgespräche stattfinden, deren Dauer jeweils eine Stunde beträgt. Diese Gespräche finden über den Tag verteilt statt, so daß Pausen zwischen den Gesprächen die Produktivität negativ beeinflussen. Für eine Entfernung größer als 250 km wurde zusätzlich eine Übernachtung mit eingerechnet.

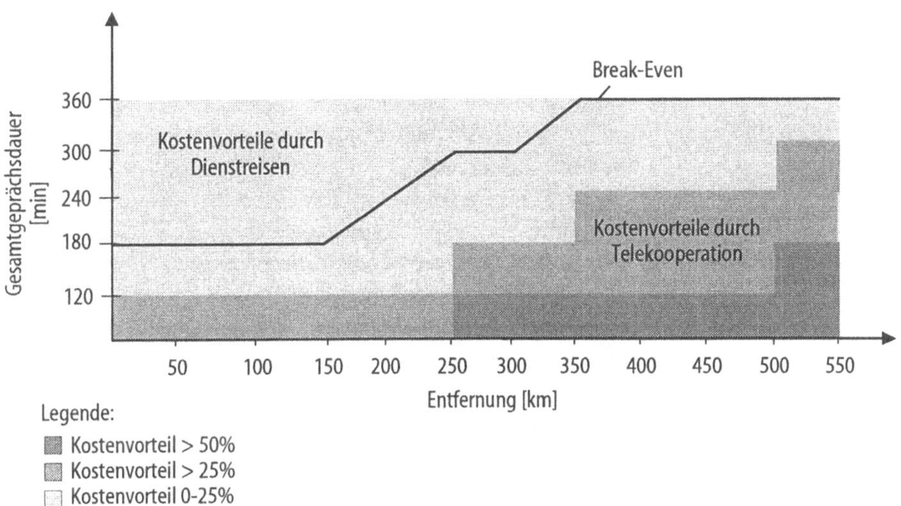


**Bild 3.28.** Break-Even-Verlauf für Desktop-Konferenzen und Dienstreisen

Kostenvorteile

Es wird deutlich, daß Telekonferenzen erhebliche Kostenvorteile gegenüber Dienstreisen aufweisen. Dabei ist es aufgrund ähnlicher Kostenverläufe unerheblich, ob die Dienstreise mit einem Mietwagen oder der Bahn durchgeführt wird (SCHLICK et al. 1997). Handelt es sich um große Entfernungen bzw. kann nicht der gesamte Arbeitstag für Abstimmungsgespräche genutzt werden, können die Einsparungen sogar über 50% betragen.

Dies wird an folgendem Beispiel aus der Automobilbranche deutlich:

Szenarien für Kostenvergleiche

Grundlage ist eine Entwicklungskooperation zwischen einem Automobilhersteller und einem Systemlieferanten. Die beiden Standorte liegen etwa 520 km auseinander. Dienstreisen werden mit einem PKW unternommen. Alternativ besteht die Möglichkeit auf Basis eines PC-basierten Systems, Telekonferenzen durchzuführen. Damit sind die kostenbeinflussenden Parameter im wesentlichen bereits festgelegt.

In Szenario 1 „CAD-Abteilung" wird davon ausgegangen, daß ein CAD-Konstrukteur des Systemlieferanten während der Konzeptphase eine eintägige Dienstreise (Anreise am Abend vorher inkl. Übernachtung) zum Kunden unternimmt. Geplant sind drei Abstimmungsgespräche von jeweils etwa einer Stunde Dauer. Die Gespräche finden über den gesamten Arbeitstag verteilt statt. In den Zwischenzeiten kann der Konstrukteur an einem freien CAD-Arbeitsplatz des Kunden bereits weiter konstruieren. Dabei beträgt seine Produktivität allerdings nur etwa 80% seiner normalen Produktivität.

Im zweiten Szenario „Kundenteam" handelt es sich um eine eintägige Dienstreise des Projektleiters auf Seiten des Zulieferers. Die Anreise erfolgt ebenfalls am Abend vorher. Vorgesehen sind insgesamt vier einstündige Abstimmungsgespräche. Die Pausen werden von dem Projektleiter für spontane Kurzbesuche bei diversen Fachabteilungen und Mitarbeitern des Kunden genutzt. Auf diese Weise gewinnt er einen aktuellen Informationsstand. Die Produktivität schätzt er dabei auf 50% seiner üblichen Produktivität ein.

In Szenario 3 handelt es sich um die Betreuung eines Unterlieferanten, in diesem Beispiel ein Werkzeugbauunternehmen mit Sitz im europäischen Ausland, durch den Systemlieferanten. Ein Mitarbeiter des Systemlieferanten unternimmt eine zweitägige Dienstreise zum Werkzeugbauunternehmen. Vor Ort führt er vier Abstimmungsgespräche (Dauer jeweils 1 Stunde) durch. Anschließend tritt er die Rückreise an. Die Abstimmungsgespräche könnten alle mit Hilfe des vorhandenen Telekooperationssystems durchgeführt werden. In Bild 3.29. sind die Ergebnisse eines Kostenvergleichs der einzelnen einstündigen Gespräche dargestellt. In allen drei Szenarien ist der Einsatz von Telekooperation erheblich günstiger.

**Kosten für ein einzelnes 60 minütiges Abstimmungsgespräch**

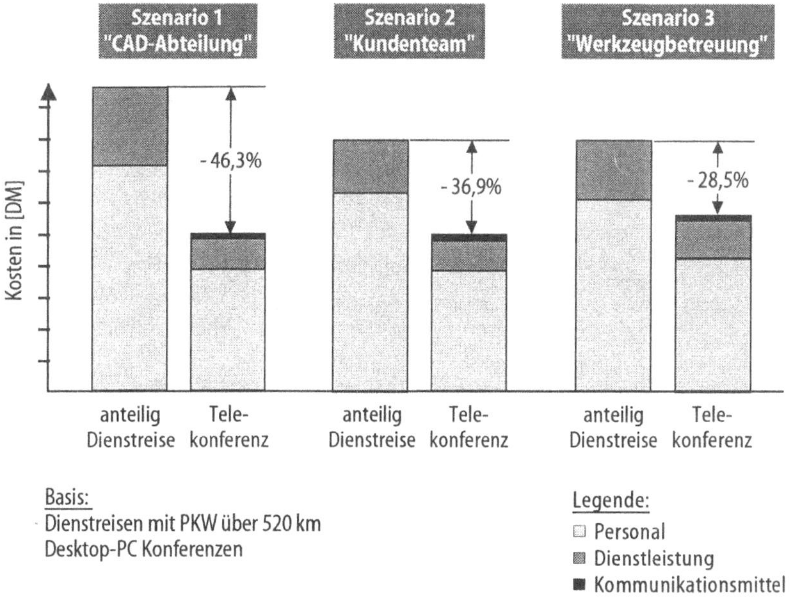


**Annahmen:**

Szenario 1:
- eintägige Dienstreise mit drei einstündigen Abstimmungsgesprächen
- Nutzung der übrigen Zeit für CAD-Konstruktion mit 80% Produktivität
- Nutzung des PC zu 90% für Kommunikation

Szenario 2:
- eintägige Dienstreise mit vier einstündigen Abstimmungsgesprächen
- Nutzung des PC zu 20% für Kommunikation

Szenario 3:
- eintägige Dienstreise mit vier einstündigen Abstimmungsgesprächen
- Nutzung des PC zu 25% für Kommunikation

**Bild 3.29.** Beispiel für einen Kostenvergleich von Abstimmungsgesprächen mit und ohne Telekooperation

Datenaustauschvorgänge

Ein weiterer wichtiger, direkt monetär bewertbarer Aspekt der Wirtschaftlichkeit von Telekooperation ergibt sich aus der Einsparung von Datenaustauschvorgängen. Vielfach wird die Entwicklung von Systemen oder Modulen/ Komponenten von Zulieferern übernommen (EVERSHEIM 1995A). In Folge dessen kommt es zwischen Herstellern und Systemlieferanten zum häufigen Austausch von CAD-Modellen. Bezogen auf die gesamte Automobilbranche nimmt die Zahl der Datenaustauschvorgänge zwischen 20% und 30% pro Jahr zu (ROSE 1996). Die durch Datenaustauschvorgänge hervorgerufenen Mehrkosten werden vom dem Verband Deutscher Automobilbauer (VDA) auf mehrere hundert Millionen DM im Jahr geschätzt. Der überwiegende Teil dieser Kosten wird von den Zuliefererunternehmen getragen. Für einzelne Zulieferer ergeben sich damit Kosten von über 1 Million DM im Jahr. Dies entspricht ca. 30% der Entwicklungskosten (BDW 1996).

Vielfach erfolgt der Datenaustausch zwischen Hersteller und Zulieferer, damit sich der Kunde über den jeweiligen Projektfortschritt informieren sowie frühzeitig auftretende Fehler erkennen und den Zulieferer auf Probleme aufmerksam machen kann. Dies bedeutet, daß der Kunde die Daten des Zulieferers in diesen Fällen nur zu Informationszwecken benötigt und sie nicht weiterverarbeiten muß. Mit Hilfe von Telekooperation lassen sich solche Datenaustauschvorgänge größtenteils vermeiden. Mittels CAD-Konferenzen kann der Zulieferer den Kunden anschaulich anhand des eigenen CAD-Systems ohne vorherige Datenkonvertierung über den Projektfortschritt informieren. Hiermit lassen demnach erhebliche Kosten einsparen.

### 3.3.3 Nichtmonetäre Bewertung von Telekooperation

Verfahren der erweiterten Wirtschaftlichkeitsanalyse

Die Verfahren der erweiterten Wirtschaftlichkeitsanalyse (EWA) ermöglichen es, nicht monetäre Größen unterschiedlicher Ebenen zu berücksichtigen (ZANGEMEISTER 1993). Damit solche Verfahren sinnvoll angewendet werden können, müssen sowohl die Ziele als auch die Auswirkungen von Telekooperation bestimmt und im Hinblick auf ihren Beitrag zur Zielerfüllung bewertet werden. Die Ermittlung von Wirkungen und Zielen erfolgt dabei vor dem Hintergrund spezifischer Bewertungssituationen. Für jede dieser Bewertungssituationen wird eine Billanzhülle in Form einer Ebenendefinition festgelegt.

Aus Unternehmenssicht ist es zweckmäßig, vier Bewertungsebenen festzulegen, in welche die bisherigen Kommunikationskriterien einfließen. Dies sind im einzelnen (Bild 3.30.):

- Ebene 1: Unternehmen,
- Ebene 2: Kooperation,
- Ebene 3: Geschäftsprozeß und
- Ebene 4: Arbeitssystem.

Bewertungsebenen

Die im Abschnitt 3.2.5.1 erläuterten Gütekriterien für Kommunikation reichen für eine nichtmonetäre Bewertung aus Unternehmenssicht nicht aus, da sie aus einer anderen Sicht entstammen und sich im wesentlichen auf die Ebene des Geschäftsprozesses beschränken. Die Einführung von Telekooperation zieht jedoch auch weitere nichtquantifizierbare Effekte mit sich, wie die Steigerung der Wettbewerbsfähigkeit. Bleiben derartige (strategische) Gesichtspunkte bei der Bewertung von Telekooperation unberücksichtigt, kann dies zu ihrer vorschnellen Ablehnung führen.

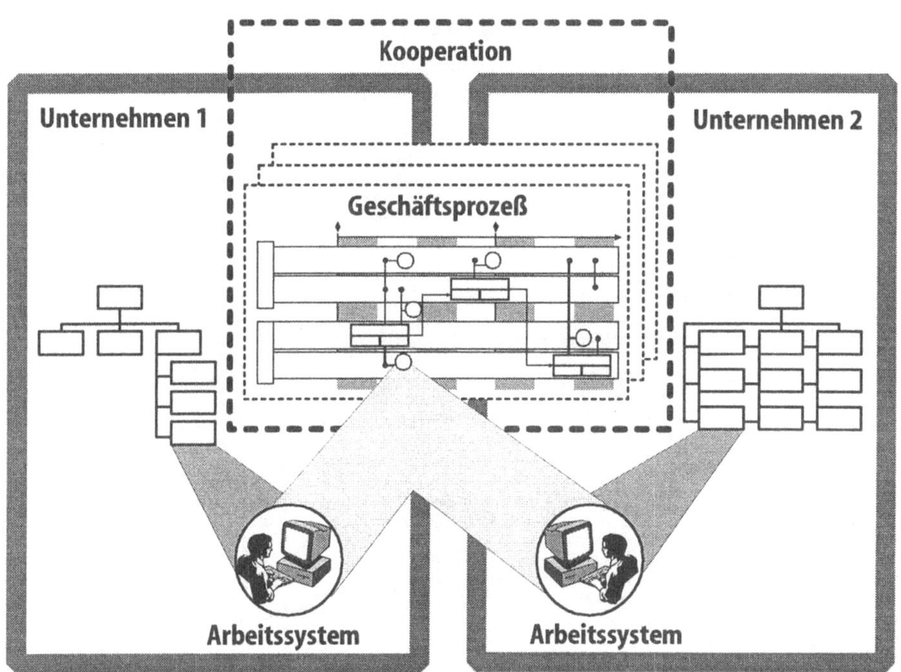


**Bild 3.30.** Bewertungsebenen von Telekooperation

Unternehmensebene

Ebene 1 umfaßt das gesamte Unternehmen. Gegenstand dieser Betrachtung ist die Beantwortung, ob Telekooperation aus der Sicht der Unternehmensleitung unter strategischen Gesichtspunkten die richtige Investition ist. Dazu sind die Wirkungen von Telekooperation in Hinblick auf das Erreichen der Unternehmensziele zu untersuchen. Primär werden durch Telekooperation die folgenden Unternehmensziele beeinflußt:

- Kundenorientierung und
- Steigerung der Wettbewerbsfähigkeit.

Dies ist in Bild 3.31. anhand der entsprechenden Wirkbeziehungen dargestellt.

Kundenorientierung

Telekooperation ermöglicht die Entwicklung und Umsetzung innovativer Unternehmensstrategien. Solche Strategien führen letztlich zu einer stärkeren Kundenorientierung. Unter Ausnutzung der technisch organisatorischen Möglichkeiten von Telekooperation lassen sich neuartige Geschäftsprozesse definieren, in denen der Kunde bereits frühzeitig eine aktive Rolle einnimmt. Automobilhersteller wie BMW, Daimler-Benz und Opel nutzen bspw. das Internet als neues Medium, um mit potentiellen Käufern in einen interaktiven Dialog zu treten.

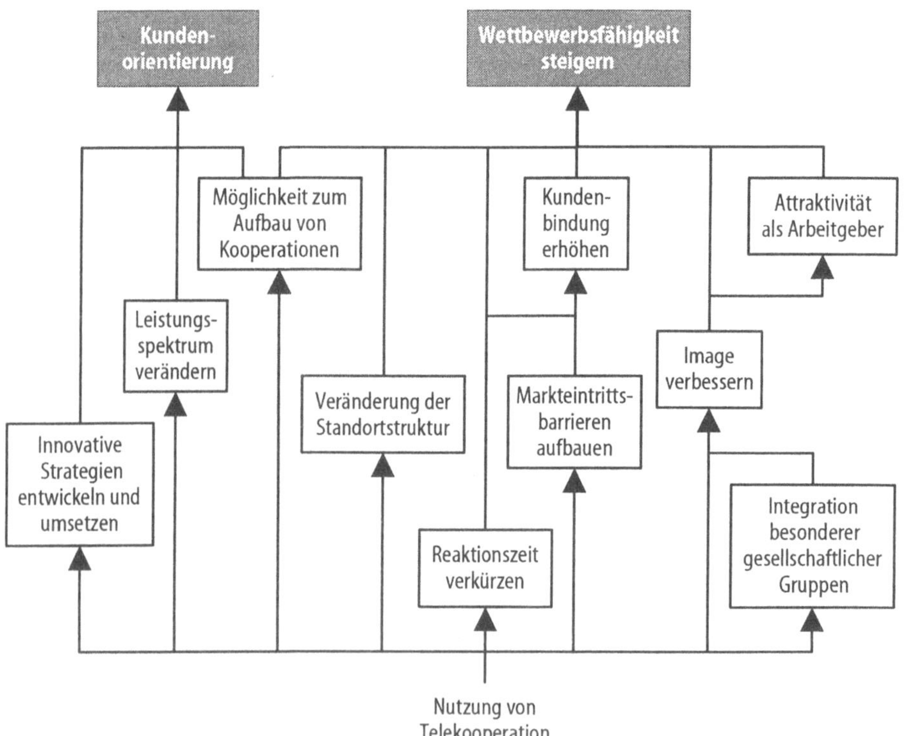


**Bild 3.31.** Bewertungsebene 1 – Unternehmen

Durch die Technologien wird eine Anpassung des Leistungsspektrums unterstützt. Bspw. kann ein Zulieferer auf Basis von Telekooperation neue Dienstleistungen, etwa eine online Design- oder Konstruktionsberatung, definieren und den Kunden anbieten.

Leistungsspektrum verändern

Ein weiterer Vorteil ist die größere Flexibilität im Hinblick auf die Standortstruktur. Dies gilt für Hersteller und Zulieferer. Mit Telekooperation ist es leichter, personengebundenes Know-how an mehreren Standorten zugleich verfügbar zu machen. Eine unter ökonomischen Gründen notwendige Veränderung der Standortstruktur läßt sich damit wesentlich einfacher umsetzen.

Veränderung der Standortstruktur

Ebene 2 bezieht sich auf die jeweiligen Kooperationspartner. Dies sind bspw. Kunden, Lieferanten oder eigene Unternehmensstandorte. Nicht jeder Partner ist gleichermaßen gut für Telekooperation geeignet. Deshalb ist zu untersuchen, für welche Partner sich der Aufbau der dazugehörigen technischen und organisatorischen Infrastrukturen lohnt. Die durch Telekooperation beeinflußbaren übergeordneten Zielsetzungen auf der Kooperationsebene sind (Bild 3.32.):

Kooperationsebene

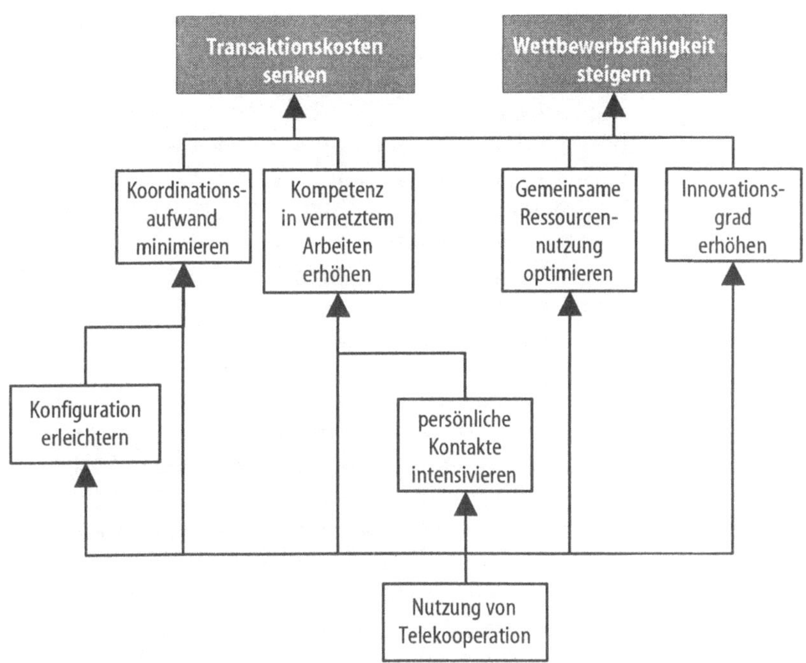


**Bild 3.32.** Bewertungsebene 2 – Kooperation

- Senken der Transaktionskosten und
- Steigern der Wettbewerbsfähigkeit der Unternehmenskooperation.

Die Senkung der Transaktionskosten beruht vor allem auf dem durch Telekooperation zu erwartenden geringeren Koordinationsaufwand insbesondere in abstimmungsintensiven Phasen und einer höheren Kompetenz in vernetztem Arbeiten. Eine Steigerung der Wettbewerbsfähigkeit ergibt sich aus der Möglichkeit, die zur Verfügung stehenden Ressourcen stärker gemeinsam zu nutzen, bspw. durch den entfernten Zugriff auf CAD-Lizenzen. Eine Erhöhung des Innovationsgrads verbessert ebenfalls die Wettbewerbssituation.

Prozeßebene

Betrachtungsgegenstand der Ebene 3 sind die unternehmensübergreifenden Entwicklungsprozesse. Dabei geht es um die Frage, in welchen Prozessen Telekooperation zum Einsatz kommen soll. Die übergeordnete Zielsetzung liegt in der Optimierung der Prozesse im Hinblick auf (Bild 3.33.):

- Verkürzen der Entwicklungszeit,
- Senken der Entwicklungsaufwände und
- Verbessern der Produktqualität.

Die Wirkungen beruhen im wesentlichen auf den verbesserten Abstimmungsmöglichkeiten und die flexible Integration von Experten. Letzteres ermöglicht es, sowohl die unternehmensübergreifenden Entscheidungsprozesse im Entwicklungsprozeß zu beschleunigen als auch die Qualität der Entscheidung durch Ausweitung der Beteiligung zu erhöhen. Verbesserte Abstimmungsmöglichkeiten helfen, die zeitliche Strukturierung der Entwicklungsabläufe zu optimieren, d. h. die zeitparallele Ausführung von Aktivitäten zu intensivieren. Hierdurch kann die Entwicklungszeit verkürzt werden.

Die Bewertung auf dieser Ebene ist aufgrund der Bilanzhülle von den beteiligten Unternehmen gemeinsam durchzuführen. Dies gilt insbesondere für die Gewichtung der Ziele und die Festlegung von Indikatoren, mit deren Hilfe die Zielerfüllung beurteilt werden soll.

Arbeitssystemebene

Die Ebene Arbeitssystem beschreibt einen einzelnen Telekooperationsarbeitsplatz. Bei der Bewertung stehen die Systemauswahl sowie die Gestaltung des Arbeitssystems und der -abläufe im Vordergrund. Die Ziele, die dabei vorrangig verfolgt werden sind die

- Erhöhung der Arbeitsproduktivität,
- Verringerung der Arbeitsbelastung und
- Förderung der Motivation der Mitarbeiter.

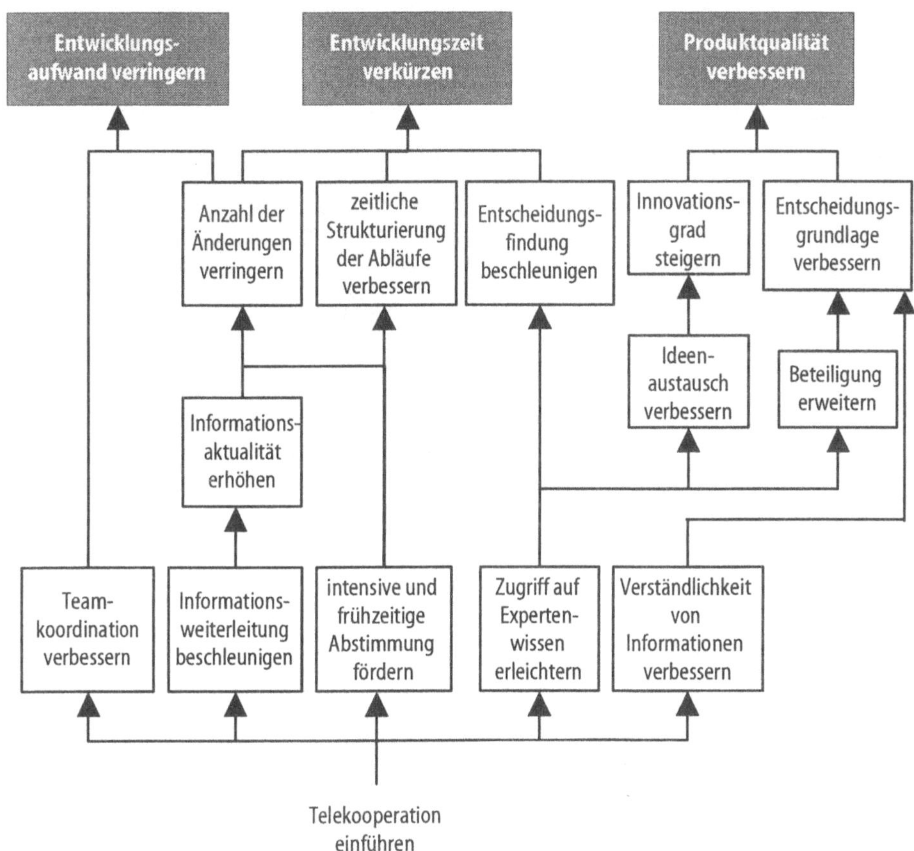


**Bild 3.33.** Bewertungsebene 3 – Entwicklungsprozeß

In Bild 3.34. sind die Wirkbeziehungen zwischen dem Einrichten eines Telekooperationarbeitsplatzes und den zuvor genannten Zielen dargestellt.

Das Einrichten eines Telekooperationsarbeitsplatzes bewirkt, daß die Kommunikationsqualität durch die zur Verfügung stehenden reichhaltigeren Kommunikationsformen steigt. Hierdurch werden Mißverständnisse vermieden, was letztlich geringere Fehlaufwände bedeutet. Durch die erhöhte Kommunikationsqualität steigt ebenfalls die Effizienz von Kommunikation, d. h.

für die Entwickler verringert sich der Anteil nicht wertschöpfender Tätigkeiten.

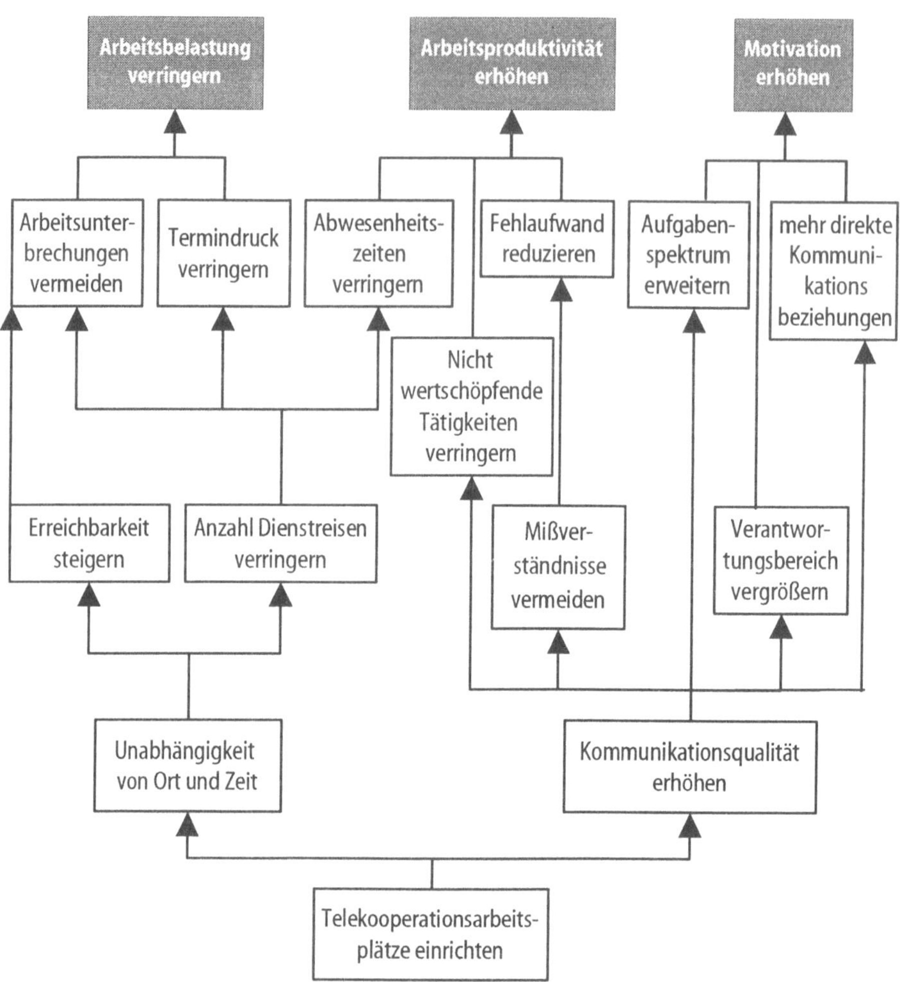


**Bild 3.34.** Bewertungsebene 4 – Arbeitssystem

Zeit- und Ortsunabhängigkeit der Mitarbeiter

Weiterhin erlangen die Mitarbeiter bei ihrer Arbeit durch Telekooperation eine größere Zeit- und Ortsunabhängigkeit. Zum einen sind sie besser erreichbar, bspw. indem sie überall Nachrichten über Email empfangen und versenden können. Zum anderen können sie auf einen Teil ihrer Dienstreisen verzichten und statt dessen Telekonferenzen durchführen. Dadurch verringert sich bspw. der Termindruck, unter dem die Mitarbeiter in der Entwicklung heute größtenteils stehen. Häufige Arbeitsunterbrechungen können ebenfalls vermieden werden.

# 4 Beispiele aus der Automobilindustrie

Potentialbewertung

Im Rahmen der Projekte CONTACT und TELEF wurden mehrfach Untersuchungen über die Potentiale und Effekte von Telekooperation in der Automobilentwicklung durchgeführt. Die nachfolgend beschriebenen drei Einführungsbeispiele beleuchten exemplarisch die Erfolge aber auch die Probleme bei der Einführung von Telekooperation. Sie werden anhand der Teilziele von Telekooperation diskutiert, die gemeinsam mit den Unternehmen zu Beginn des CONTACT-Projekts definiert wurden (siehe Kap. 1.3). Hierbei handelt es sich um die:

- Verbesserung der Kommunikationsprozesse,
- Verbesserung und Beschleunigung der Entwicklungsprozesse,
- Realisierung kontinuierlicher Arbeitsprozesse,
- Verringerung des Arbeits- und Reiseaufwands,
- Steigerung der Wettbewerbsfähigkeit,
- Reduzierung der Mitarbeiterbelastung und
- Erlangung höherer Arbeitszufriedenheit.

Die Potentialbewertung bezieht sich auf das Ende des jeweiligen Pilotprojekts. Sie erfolgte anhand einer siebenstufigen Skala (kein Potential ... sehr hohes Potential) durch die Unternehmensmitarbeiter, die Telekooperation im Rahmen der Fahrzeugprojekte eingeführt und genutzt haben. Die bisherige Realisierung des Potentials wird auf Wunsch der Unternehmen aus Wettbewerbsgründen nicht näher quantifiziert. Zur Diskussion der qualitativen Aussagen zur Potentialumsetzung werden die in Kap. 3.2.5 beschriebenen Bewertungskriterien für Kommunikation und die in Kap. 3.1.3 beschriebenen Erfolgsfaktoren herangezogen und zur Verdeutlichung *kursiv* gedruckt.

Abschließend erfolgt eine vergleichende Bewertung der Qualität der jeweiligen Einführungsprozesse mittels der Erfolgsfaktoren. Im Falle einer geringen Umsetzung von Teilzielen erhalten Verantwortliche für den Einführungsprozeß durch diese Bewertung Hinweise, bzgl. welcher Erfolgsfaktoren Verbesserungsmaßnahmen zu treffen sind.

## 4.1 Telekooperative Entwicklung von Fahrwerkskomponenten

Das Unternehmen

Die BENTELER AG (Paderborn) ist Spezialist für umformtechnische Prozesse im Automobilbau. Ihr Arbeitsspektrum umfaßt unterschiedliche Aufgabenstellungen wie die Entwicklung und Produktion von Fahrzeugträgerelementen, Achsen oder auch Karosserie- und Rohrsysteme. Die BENTELER AG deckt mit ihren Kompetenzen die gesamte Prozeßkette von der Konzepterstellung bis zur Serienproduktion ab. Als Systemlieferant aller namhaften Automobilhersteller ist sie verantwortlich für die Lieferung kompletter Baueinheiten, die in Kooperation mit dem Automobilhersteller und weiteren Lieferanten entwickelt und produziert werden.

Die Entwicklungsprozesse der BENTELER AG sind gekennzeichnet durch einen hohen Anteil von CA-Prozessen, sowohl in der Konstruktion (CAD) als auch im nachfolgenden Engineering (insbesondere bei der Anwendung von Finite Elemente (FEM)-Technologien) bei gleichzeitig hohem Kommunikationsaufkommen mit weltweit verteilten Entwicklungspartnern.

### 4.1.1 Projektrahmen

Projektrahmen

Auf Initiative der BMW AG wurde vereinbart, Telekooperationstechnologien in einem laufenden Projekt zur Entwicklung einer PKW-Hinterachse zu erproben. Im Rahmen dieses Projektes war die BENTELER AG sowohl an der Entwicklung als auch der Produktion der Hinterachsträger beteiligt. Das Potential von Telekooperation sollte anhand o.g. Ziele (siehe Kap. 4) bewertet werden.

### 4.1.2 Analyse und Konzeption

Vorgehensweise

Im Rahmen der Prozeßanalyse wurde der Gesamtprozeß „Entwicklung Hinterachsträger" zwischen den beiden Unternehmen aufgenommen. Es stellte sich heraus, daß die „CAD-CAE-Entwicklung" einen Teilprozeß im Rahmen der Hinterachsentwickung darstellt, der häufig wiederholt wird und durch einen hohen Anteil an zwischenbetrieblicher Kommunikation gekennzeichnet ist. Dieser Teilprozeß wurde nachfolgend in detaillierter Form analysiert und mit Hilfe der in Kapitel 3.2.4 dargestellten Prozeßelementemethode modelliert (Bild 4.1.).

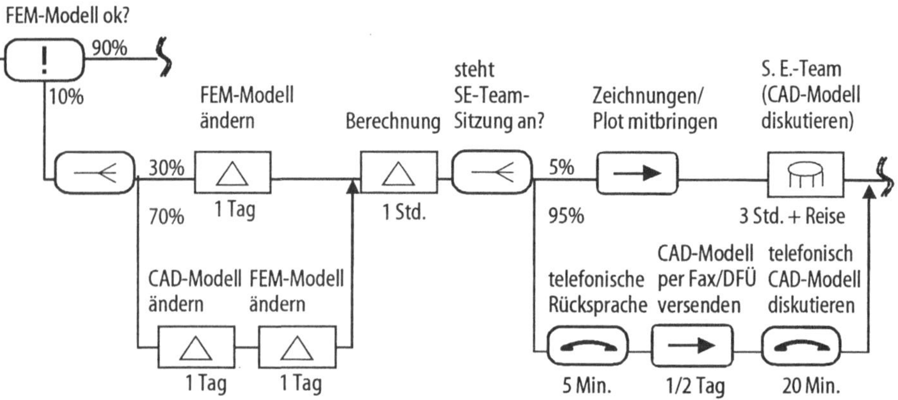


**Bild 4.1.** Teilprozeß CAD-CAE-Abstimmung

Innerhalb der CAD-CAE-Entwicklung konnten wiederkehrende Prozeßabschnitte identifiziert werden, die einen hohen Kommunikationsbedarf zwischen der BENTELER AG und der BMW AG erzeugten. Bei diesen Prozessen handelte es sich um Abstimmungen zwischen Ingenieuren beider Unternehmen in gemeinsamen Sitzungen oder mittels Telefon und Fax bzw. DFÜ.

Dabei werden insbesondere CA-Modelle zur Klärung technischer Detailfragen verwendet. Diese Prozesse bieten sich in besonderer Weise für die Einführung von Telekooperation an. Vor dem Hintergrund der hohen Komplexität der Kommunikationsinhalte, z. B. mittels FEM berechnete Spannungszustände in Achsträgerelementen, wurde insbesondere der Einsatz eines UNIX-basierten Systems mit Möglichkeit eines Application Sharing für sinnvoll erachtet. So sollte die erforderliche Dynamik und Interaktivität im Rahmen der Abstimmungen gewährleistet werden.

### 4.1.3 Technische Realisierung

CAD-Conferencing auf Basis von UNIX-Workstations

Zwischen BENTELER und BMW wurde eine UNIX Workstation-basierte Lösung auf der Grundlage des Computer Assistierten Telekooperations Service (CATS, siehe Kap. 2.3.6.3) eingesetzt. Das bei Benteler in Paderborn befindliche System und die Gegenstelle im Forschungs- und Ingenieurszentrum bei BMW wurden zur Realisierung des Application Sharing durch ISDN-Router verbunden (siehe Kap. 2.3.3.3). Applikationsgegenstand des CAD-Conferencings war wie im Fall von PEGUFORM das CAD-System CATIA direkt auf dem UNIX-Host. Die ISDN-Router waren in der Lage vier ISDN-Basiskanäle zu bündeln, so daß eine Bandbreite von 256 kBit/s alleinig für das CAD-Conferencing zur Verfügung stand. Ferner wurde durch die Router eine Adressenüberprüfung durchgeführt, so daß gegenüber der Systemrealisierung mit Intel ProShare eine höhere technische Sicherheitsstufe erreicht wurde. Parallel zur Routing-Verbindung wurde ein Bildtelefon via zwei gebündelter Basiskanäle eingesetzt.

### 4.1.4 Einführungsprozeß

Arbeiten mit „Application Sharing"

Die Konferenzumgebung war direkt in die Systemstruktur des CATIA-Hosts integriert, so daß ein direktes Application Sharing des CAD-Modells erfolgen konnte. Somit konnten beide Partner in der Telekonferenz anhand der Darstellung des CAD-Modells die Problemlage erörtern und die jeweilige Lösung der Konstruktionsaufgabe prinzipiell direkt einarbeiten. In Bild 4.2. ist ein entsprechender Konstruktionsarbeitsplatz dargestellt.

Der prinzipielle Vorteil dieser Vorgehensweise besteht darin, daß direkt in der jeweiligen CAD-Umgebung gearbeitet werden kann und folglich auch originale CAD-Modelle modifiziert werden können, so daß eine nachträgliche Einarbeitung eventueller Modifikationen entfallen kann. Auf diese Weise läßt sich unter zeitlichen Aspekten eine höhere Effizienz erreichen, als im Falle der dezidierten Vor- und Nachbereitung von Ansichten des CAD-Modells über das Shared Whiteboard.

**Bild 4.2.** Telekooperationsarbeitsplatz in der Prozeßkette BENTELER-BMW

Probleme des Application Sharing

Aus Sicht der Konstrukteure ist diese Vorgehensweise jedoch nicht unproblematisch. Erstens, weil Originaldaten verändert werden können, ohne daß eine entsprechende Dokumentationsmöglichkeit und Verbindlichkeit besteht. Zweitens, weil individuelle Nutzungsgewohnheiten des CAD-Systems existieren („ich korrigiere den Radius immer auf meine Art und Weise“), die nur ungern dem Partner offenbart werden. Letztlich kann die kommunikationstechnisch komplexere Softwarestruktur des Application Sharing eine geringere Systemrobustheit bzw. -stabilität zur Folge haben, verglichen mit der Verwendung eines Shared Whiteboards, das nicht weiter als gewöhnliche Applikationen in die Architektur des Display-Systems eingreift. Zudem hat sich oft gezeigt, daß nur die Visualisierungsfunktionalität des CAD-Systems (Drehen, Zoomen, etc.) in einer Kommunikation genutzt wird, die Funktionalität eines 3D-Viewers (z.B. 4D-Navigator oder VRML-Browser) für die geforderte Kommunikationsfunktionalität voll ausreichend ist.

Zeitlicher Verlauf des Einführungsprozesses

Der Einführungsprozeß von CAD-Teleconferencing ist hinsichtlich der zeitlichen Verteilung und Typisierung von Sitzungen für einen gesamten Zeitraum von 20 Wochen in Bild 4.3. dargestellt. In diesem Zeitraum fanden insgesamt 21 Telekonferenzen statt, wobei die mittlere Konferenzdauer ca. 47 Min. (Standardabweichung: 38 Min.) betrug. Weil sich CATS zum damaligen

Zeitpunkt des Einführungsprozesses noch in einem prototypischen Stadium des Softwareengineerings befand, können drei Phasen des Einführungsprozesses differenziert werden:

- In der Einführungsphase wurde CATS primär vom Serviceingenieur des Systemlieferanten konfiguriert, wobei diese vorbereitenden Arbeiten parallel zu Zwecken der Benutzerschulung dienten.
- In der nachfolgenden Explorationsphase wurde CATS in erster Linie von den Konstrukteuren genutzt, um erste eigene Erfahrungen mit dieser CAD-Teleconferencing Technologie zu machen und verschiedene Arbeitsabläufe bzw. Nutzungsvarianten zu erproben. Aufgrund des damaligen prototypischen Systemcharakters bestand nur eine vergleichsweise geringe Robustheit, so daß „Fehl"-Benutzungen wegen unzureichender Softwareergonomie und -stabilität zu Systemabstürzen führten.

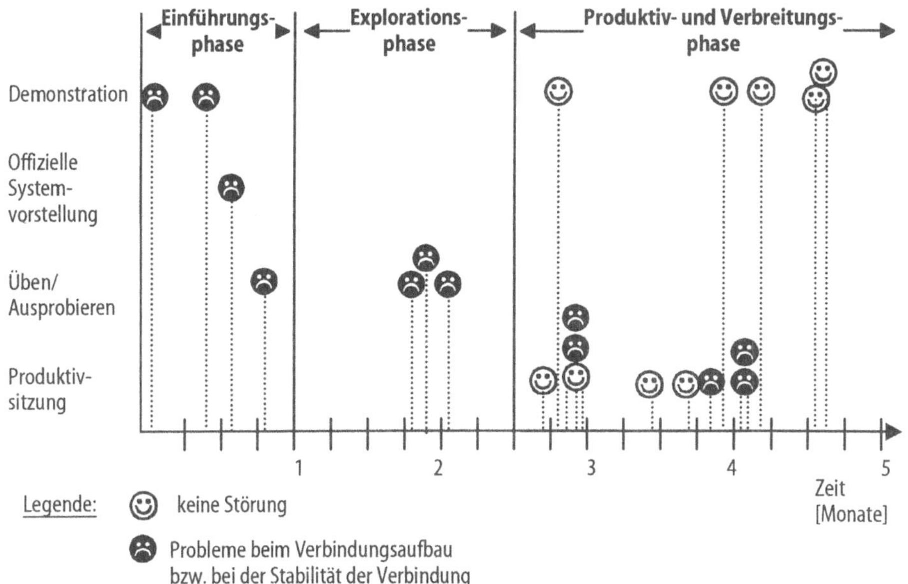


**Bild 4.3.** Einführungsprozeß von CAD-Konferenzen bei BENTELER und BMW

- Letztlich schließt sich die Phase der produktiven Nutzung bzw. Verbreitung an, die durch einen in den realen Konstruktionsprozeß integrierten Systemeinsatz gekennzeichnet ist. Hierbei ist hervorzuheben, daß die Konstrukteure zunehmend die Nutzungsvarianten wählten, die instabile Systemzustände vermeiden und somit die Mehrzahl der Sitzungen ohne technische Probleme verläuft. In dieser Phase wurde ein deutlicher persönlicher Mehrwert in der durch CAD-Teleconferencing unterstützten Kooperation erkannt.

Der Mehrwert wurde auch zunehmend anderen Mitarbeiteren im Umfeld der Automobilentwicklung kommuniziert, indem Demonstrationen durchgeführt wurden. Dieser Effekt des eigenständigen Vorantreibens einer Verbreitung von CSCW-Technologien im persönlichen Arbeitsumfeld ohne Prozeßpromotor (siehe Kap. 3.2.1) wird von OKAMURA et al. (1994) als sog. „Mediations-Effekt" beschrieben. Die Rolle des entsprechenden „Mediators" hatte dabei der Konstrukteur bei BMW inne. Dessen Rolle kann jedoch wegen der für diese Aufgabe fehlende Kapazität nur begrenzt für eine Verbreitung sorgen.

Bei der technischen Realisierung wurden im Gegensatz zu anderen Einführungsprojekten die hausinternen Supportstellen nicht in die Systembetreuung eingebunden. Sämtlicher technischer Support wurde durch einen externen Dienstleister übernommen.

Dieses Vorgehen erwies sich insbesondere vor dem Hintergrund der Neuheit von Shared Application Technologie als sinnvoll. Während eine unzureichende Klärung unternehmensinterner Verantwortlichkeiten (CAD-Support, Netzwerk-Support etc.) zu wesentlichen Störungen führen kann und selbst ein guter Support lediglich unternehmensinterne Teile des Telekooperationsnetzwerkes betreuen kann, war der externe Dienstleister unternehmensübergreifend in der Lage, technische Probleme zu erfassen und schnell zu lösen. Erst nach Gewährleistung einer ausreichend hohen Systemstabilität konnte nachfolgend die Systembetreuung an die unternehmensinternen Fachstellen übergeben werden.

### 4.1.5 Bewertung

Anfangsprobleme

Die Einführung von Telekooperation bei BENTELER wurde seitens der Anwender aufgrund der Anfangsprobleme erst nach mehrmonatiger Nutzungsphase positiv beurteilt. Insbesondere die hohe technische

Komplexität des Application Sharing und die anfänglich geringe *Störungsfreiheit* der Kommunikation aufgrund von Systemabstürzen trugen während der Startphase des Einführungsprojektes in wesentlichem Maße zu einer geringen *Akzeptanz* von Telekooperation bei. Nachdem jedoch die *Störungsfreiheit* erheblich verbessert wurde, akzeptierten die Anwender die neue Technologie als sinnvolles Hilfsmittel und integrierten sie in ihre Arbeitsabläufe. Die auf das Ende des Projekts bezogene Potentialbewertung ist in Bild 4.4 wiedergegeben.

| Zielkriterium | Potential | | | | | | |
|---|---|---|---|---|---|---|---|
| | kein | gering | eher gering | mittel | eher hoch | hoch | sehr hoch |
| Verbesserung der Kommunikationsprozesse | □ | □ | □ | □ | □ | □ | ■ |
| Verbesserung und Beschleunigung der Entwicklungsprozesse | □ | □ | □ | □ | □ | ■ | □ |
| Realisierung kontinuierlicher Arbeitsprozesse | □ | □ | □ | □ | □ | ■ | □ |
| Verringerung des Arbeits- und Reiseaufwands | □ | □ | □ | ■ | □ | □ | □ |
| Steigerung der Wettbewerbsfähigkeit | □ | □ | □ | □ | □ | ■ | □ |
| Reduzierung der Mitarbeiterbelastung | □ | □ | ■ | □ | □ | □ | □ |
| Erlangung höherer Arbeitszufriedenheit | □ | □ | □ | □ | ■ | □ | □ |

**Bild 4.4.** Bewertung des Einführungsprozesses

Eine detaillierte Analyse der Arbeitsabläufe nach der Einführung von Telekooperation und ein Vergleich der Prozesse mit der zu Projektbeginn aufgenommenen Projektstruktur verdeutlichte gute Rationalisierungspotentiale bei der Abwicklung überbetrieblicher Änderungsprozesse. Dies gilt für eine Beschleunigung der einzelnen Kommunikationsprozesse, aber auch für eine Vermeidung von Teilprozeßiterationen infolge unzureichender Kommunikationsqualität zwischen den Unternehmen, also einer Reduktion der *Prozeßdauer* der Arbeitsprozesse.

Es zeigte sich weiterhin, daß die Qualität der Konstruktionslösungen bspw. durch die intensivere Nutzung des räumlich verteilten Expertenwissens steigt. Die Gefahr von *Kommunikationsfolgekosten* durch mangelhafte Kommunikation kann verringert werden. Nach Einschätzung der beteiligten Mitarbeiter wurde für den betrachteten CAx-intensiven Teilprozeßabschnitt eine Reduzierung der *Änderungsaufwände* hinsichtlich Zeit und Kosten um ca. 30 Prozent für möglich gehalten.

Ein hohes Potential wurde von BENTELER in der Steigerung der Wettbewerbsfähigkeit gesehen. Bereits im Pilotprojekt konnte durch die Demonstration von telekooperativen Arbeitsweisen bisherigen und potentiellen Kunden die Fortschrittlichkeit des Unternehmens dargestellt werden. Ein weiterer Wettbewerbsvorteil wurde sich von einem reduzierten Mitarbeiter-Einsatz beim Kunden vor Ort erhofft. Die aus Sicht von BENTELER stärker werdende Tendenz der Kunden, Zulieferermitarbeiter dauerhaft vor Ort halten zu wollen bedeutet auf beiden Seiten hohe kommunikationsbedingte Aufwände. Der Nachweis der Telekooperationsfähigkeit im Rahmen eines Entwicklungsaudits könnte aus Sicht von BENTELER zu einer Reduktion dieser *Kommunikationsfolgekosten* bei gleichzeitiger hoher *Informationsdichte* und *Aktualität* der Kommunikation führen.

Für die Reduzierung der Mitarbeiterbelastung wurde ein mittleres Potential bspw. durch die Reduzierung von Reisen gesehen, welches allerdings im Rahmen des Pilotprojekts noch nicht ausgeschöpft werden konnte. Dies lag vor allem an dem noch höheren Vorbereitungsaufwand für Konferenzen, so daß noch nicht die volle *Kommunikationseffizienz* erreicht wurde. Diese sollte jedoch in Zukunft durch weitere EDV-technische Maßnahmen verbessert werden.

Noch unklar für BENTELER war, in wieweit die Arbeitszufriedenheit durch Telekooperation erhöht werden kann. Bezogen auf die *sachbezogene Kommunikationsqualität* war die erst spät geglückte Erfüllung der *Störungsfreiheit* und *Übertragungsqualität* eine wesentliche Voraussetzung. Ein weiteres Potential hierzu wurde bzgl. der *beziehungsbezogenen Kommunikationsqualität* in der Betreuung und Führung von Mitarbeitern gesehen, die bei weit entfernten Kunden vor Ort arbeiten. Über die Systeme wurde der persönliche Kontakt durch *informelle Kommunikation* und der Bezug zum eigenen Unternehmen im Sinne des *Teamgedankens* besser aufrechterhalten.

Ausblick

Die BENTELER AG hat vor dem Hintergrund dieser Bewertung Telekooperation als ein wichtiges Hilfsmittel für ihre zukünftigen Entwicklungsprojekte erkannt. Mittlerweile bereitet sich das Unternehmen auf einen Einsatz von Shared Application Technologie in Entwicklungsprojekten mit verschiedenen Kooperationspartnern vor. Das Unternehmen macht aber deutlich, daß es zwar seine Fähigkeit zur Telekooperation gegenüber externen Partnern anbieten kann, die Umsetzung im Produktivbetrieb jedoch von einer Vereinbarung mit dem Kunden abhängt.

## 4.2 Telekooperative Karosserie- und Werkzeugentwicklung

Das Unternehmen

Die WILHELM KARMANN GmbH (Osnabrück) hat sich als Karosseriespezialist und insbesondere mit der Entwicklung und Produktion offener Fahrzeuge einen Namen gemacht. KARMANN bietet als Leistung die gesamte Prozeßkette von der Entwicklung der Karosserien über die Konstruktion und Herstellung der Werkzeuge bis zur Produktion fahrfertiger Fahrzeuge aus einer Hand an. Das Unternehmen konstruiert sowohl für die eigene Fertigung als auch im Auftrag von Fremdfirmen Karosserien und Karosserieteile. Insbesondere werden in zunehmendem Maße Entwicklungskooperationen mit den Partnerfirmen eingegangen, mit dem Ziel, gemeinsam Karosserieentwicklungsvorhaben termingerecht erfolgreich abzuwickeln.

Die mit Entwicklungskooperationen verbundene enge Verzahnung mit den Partnerfirmen spiegelt sich in einem ständig wachsenden Produktionsdatenaustausch und Abstimmungsaufwand wider. Die Firma KARMANN hat deswegen ein starkes Interesse daran, diese Prozesse gemeinsam mit den Partnerfimen zu optimieren und durch geeignete Hilfsmittel effektiver und effizienter zu gestalten.

### 4.2.1 Projektrahmen

Projektrahmen

Gemeinsam mit der BMW AG wurde vereinbart, Telekooperationstechnologien in einem laufenden Entwicklungsvorhaben zu erproben. Bei dem ausgewählten Projekt handelte es sich um die Karosserieentwicklung für einen neuen PKW. Im Rahmen dieses

Projektes hatte KARMANN von BMW den Auftrag, das Seitengerippe mit mehr als 40 verschiedenen Blechteilen zu entwickeln, die zugehörigen Werkzeuge zu bauen und die erforderlichen Vorrichtungen für die Karosseriemontage zu liefern.

Das Potential von Telekooperation sollte anhand o.g. Ziele (siehe Kap. 4) bewertet werden. Ein Ziel sollte sein, die Entwicklungsabläufe im Hinblick auf Simultaneous Engineering weiter zu optimieren, bspw. indem Abläufe durch Telekooperation stärker parallelisiert werden. Darüber hinaus sollte die Kommunikation zwischen den beteiligten Personen verbessert werden. Dies galt insbesondere für Mitarbeiter aus verschiedenen Fachbereichen, wie Entwicklung, Werkzeugkonstruktion und Planung, die zum Teil sehr unterschiedliche Erfahrungen im Umgang mit CAD-Systemen hatten. KARMANN mußte sich im Falle der Karosserieentwicklung für BMW mit insgesamt 30 Fachstellen im Entwicklungsnetzwerk abstimmen. Diese Abstimmungen sollten über einen Online-Informationsaustausch beschleunigt und verbessert werden.

Aufgrund der geographischen Lage befindet sich KARMANN gegenüber wichtigen Wettbewerbern im Nachteil. Der Standort Osnabrück erfordert teure Flugreisen zu nahezu allen wichtigen Kunden mit Ausnahme des Kunden VW. Der Anteil der Reisekosten macht daher einen wesentlichen Anteil der Entwicklungskosten aus. Diese Kosten sollten mittels Telekooperation reduziert werden.

Ein weiterer wichtiger Bestandteil der Transaktionskosten sind für KARMANN die Kosten für den CAD-Datenaustausch. Diese sollten insbesondere durch den Einsatz von CAD-Konferenzen vermindert werden.

### 4.2.2 Analyse und Konzeption

Vorgehensweise

Für die Analyse der bestehenden Entwicklungsabläufe wurde ein abstimmungsintensives Bauteil ausgesucht. Dabei handelte es sich um den sogenannten „Seitenrahmen“ der Karosserie. An diesem in den Abmessungen größten Bauteil arbeiten allein von KARMANN zeitweilig bis zu drei Konstrukteure gleichzeitig. Betrachtet wurde ein Entwicklungsabschnitt von ca. 2 Jahren. Für diesen Zeitraum wurden die bestehenden Abläufe mit Hilfe der Prozeßelementemethode (siehe

Kap. 3.2.4) aufgenommen und anhand eines unternehmensübergreifenden Prozeßplans dokumentiert (Bild 4.5.). Dieser Prozeßplan diente als Grundlage für die Analyse des unternehmensinternen und -externen Kommunikationsbedarfs. Bei der Kommunikationsanalyse wurde insbesondere folgende Punkte untersucht

- Kommunikationsteilnehmer
- Häufigkeit und Dauer
- Entfernung
- Kommunikationsmittel (Telefon, Dienstreise etc.)
- verwendete Informationsträger (Plot, CAD-Modell, Skizzen, Prototypen etc.)

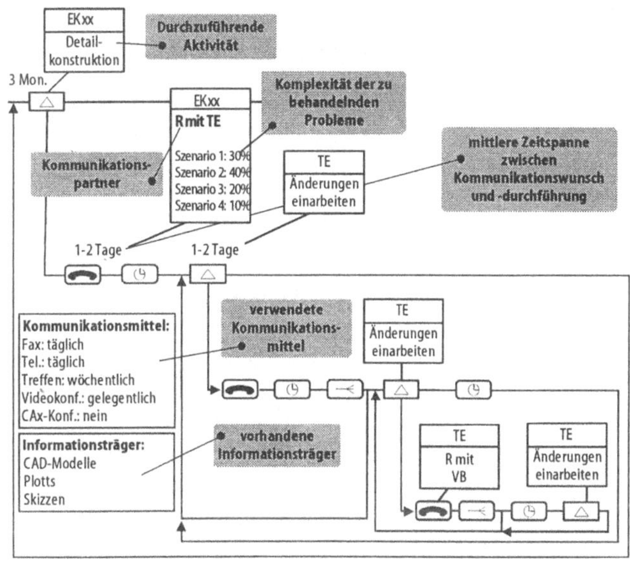


**Bild 4.5.** Prozeßanalyse in der Karosserieentwicklung

Einsatzmöglichkeiten von Telekooperation

Der eigentliche Kommunikationsinhalt wurde mit Hilfe der in Kap. 2.2.1.2 beschriebenen Abstimmungsszenarien analysiert. Als Ergebnis dieser Analyse wurden verschiedene Einsatzmöglichkeiten von Telekooperation identifiziert. Bspw. bestand in der Konzeptphase großer Bedarf, CAD-Modelle zwischen der Technischen Entwicklung (TE) des Zulieferers KARMANN und der Entwicklung des Kunden BMW abzustimmen. In dieser Phase arbeitete mindestens ein Mitarbeiter von

KARMANN permanent vor Ort beim Kunden. Während der Werkzeugkonstruktion kam es zu intensiven Reisetätigkeiten. Über einen Zeitraum von vier Monaten flogen Mitarbeiter von KARMANN jede Woche für ein bis zwei Tage nach München zu BMW, um Werkzeugzeichnungen von Karosserieteilen zu besprechen bzw. freigeben zu lassen. Auch in der Phase der Erstbemusterung fielen zahlreiche Dienstreisen an.

Diesmal reisten Mitarbeiter von BMW über einen Zeitraum von 9 Monaten in Abständen von jeweils zwei Wochen für 2 bis 3 Tage nach Osnabrück zu KARMANN, um Bemusterungen beizuwohnen und die Qualität der Erstmuster zu prüfen. Darüber hinaus bestand großer Abstimmungsbedarf hinsichtlich der Planung der Karosseriemontage.

### 4.2.3 Technische Realisierung

Zusammen mit den betroffenen Mitarbeitern aus dem Fahrzeugprojekt wurde aufbauend auf der Zieldefinition ein Anforderungskatalog erstellt, wie diese Ziele durch Telekooperation unterstützt werden könnten. Dieser mündete schließlich in zwei unterschiedlichen Systemkonzepten.

Workstationbasiertes Telekonferenzsystem

Zum einen wurde bei KARMANN ein workstationbasiertes Telekonferenzsystem angeschafft. Hierbei handelte es sich um eine proprietäre Systemlösung, die sowohl für die im Unternehmen vorhandene Mainframe-Umgebung als auch für neu angeschaffte Workstations verfügbar war. Grundlage für die Durchführung von Telekonferenzen war eine LAN-Kopplung via ISDN über Router. Die LAN-Kopplung wurde zudem durch Firewalls abgesichert.

Die Blechteile, die zugehörigen Werkzeuge und Vorrichtungen für den Rohbau werden bei KARMANN mit dem System CATIA® konstruiert. Zur Simulation der Vorrichtungen wird im Betriebsmittelbau das System RobCAD® eingesetzt. Da der Kunde BMW ebenfalls das System CATIA® einsetzt, sind für den Datenaustausch keine aufwendigen Konvertierungen zwischen CAD-Systemen notwendig. Wenn der Kunde sich im Rahmen der Projektfortschrittskontrolle über den aktuellen Konstruktionsstand informieren möchte, werden die Daten aus dem CAD-System exportiert, danach per DFÜ verschickt und beim Empfänger wieder importiert. Dieser Vorgang ist mit zusätzlichen Aufwendungen verbunden, da eine Administration des Vorgangs aus Sicherheitsgründen erfolgen muß. Die Export- und Importvorgänge benötigen spezielle Rechnerkapazitäten und sind nicht zuletzt mögliche Problemquellen. Treten Fehler in einem der Prozesse auf, müssen diese Fehler analysiert und behoben werden. Insbesondere der Informationsdatenaustausch und der damit verbundene Aufwand könnte durch CAD-Konferenzen wesentlich effizienter gestaltet werden.

CAD-Konferenzen ermöglichen zudem einen Online-Informationsaustausch. Damit können die Konstrukteure von KARMANN Konstruktionsaufgaben interaktiv mit den Entwicklern von BMW besprechen bzw. gemeinsam lösen. Ein weiterer Vorteil ist, daß in solche Besprechungen auch Fertigungsplaner, die in der Regel über weniger CAD-Kenntnisse verfügen, eingebunden werden können.

Videokonferenzanlage

Zum anderen wurde bei KARMANN eine ISDN-basierte (128 Kbit/s) multipointfähige Videokonferenzanlage angeschafft. Diese wurde mit einer zusätzlichen Dokumentenkamera ausgestattet. Damit war es möglich, sowohl kleinere physische Bauteile (z. B. Prototypen) als auch Handskizzen oder Plots zu übertragen.

Mit der Videokonferenzanlage sollten insbesondere teure Flugreisen nach München eingespart werden. Die Untersuchung hatte ergeben, daß viele Besprechungen im Rahmen des Projektmanagements auch über Videokonferenzen abgewickelt werden können. Die betroffenen Mitarbeiter versprachen sich hierdurch zudem einen wesentlichen persönlichen Zeitgewinn. Darüber hinaus sollten Videokonferenzen eine effektivere Kommunikation im Hinblick auf die bislang üblichen „Fax- und Telefon-Konferenzen“ ermöglichen.

### 4.2.4 Einführungsprozeß

Die beiden Telekooperationssysteme wurden bei KARMANN zunächst in den Abteilungen Technische Entwicklung (TE) und Werkzeugbau (WZB) installiert. In der Anfangsphase erhielten die Anwender eine intensive Erstschulung im Umgang mit den neuen Systemen. Auf Wunsch stand bei den folgenden Produktivsitzungen immer ein Betreuer zur Verfügung. Dieser half dabei, die Verbindung aufzubauen bzw. auftretende technische Probleme zu beseitigen.

Unausgereifte Software verhindert breiten Einsatz

Die breite Einführung des CAD-Konferenzsystems gestaltete sich jedoch als nicht durchführbar. Beim Aufbau der LAN-Kopplung mit dem Netzwerk von BMW über ISDN-Router waren unerwartet viele Anfangsprobleme zu lösen. Hinzu kam, daß die Konferenzsoftware in den verwendeten Versionen erhebliche Stabilitäts- und Performanceschwächen aufwies. Der Hygienefaktor Technik war somit nicht erfüllbar.

Der Betreuungsaufwand erwies sich in der Erprobungsphase als zu hoch, um einen intensiven Einsatz des Systems im produktiven Umfeld zu ermöglichen. Aufgrund der Probleme und dem Entschluß des Herstellers der Konferenzsoftware, die Weiterentwicklung einzustellen, wurde die Einführung des CAD-Konferenzsystems abgebrochen. Stattdesssen wurde bei KARMANN die Strategie verfolgt, Online-Konferenzen mit PC-basierten Systemen zu erproben.

### 4.2.5 Bewertung

Die Einführung von Video- und PC-Conferencing bei KARMANN wurde sowohl von den Vorgesetzten wie auch von den Anwendern positiv beurteilt. Bereits nach kurzer Zeit wurden die neuen Konferenztechnologien von den Mitarbeitern akzeptiert. Die Nutzungshäufigkeit der Anlagen nahm stetig zu. Bild 4.6. zeigt die Einschätzung der Potentiale von Telekooperation durch KARMANN.

Der Verbesserung und Beschleunigung der Kommunikationsprozesse im Rahmen der Karosserieentwicklung mit den Fachstellen beim Kunden und anderen Zulieferern wurde ein sehr hohes Potential zugeschrieben. Dies lag vor allem daran, daß der stark gestiegene Kommunikationsbedarf mit herkömmlichen Kommunikationsformen nur durch Erzeugung erheblicher *Kommunikationskosten* und *-folgekosten* realisierbar war. Im Rahmen von CONTACT wurde bereits eine Verringerung der *Prozeßdauer* einiger Entwicklungsabschnitte und eine Kontinuisierung der Arbeitsprozesse durch kürzere Abstimmungszyklen mit hoher *Aktualität* und *Informationsdichte* festgestellt.

Zudem wurde eine Reduktion der *Reisekosten* festgestellt. Das dabei zu erzielende Potential ist allerdings aus Sicht von KARMANN noch weitaus größer als die bisher festgestellten Effekte. Dies liegt vor allem daran, daß alle Projektpartner zum Einsatz der Technologien bereit sein müssen.

| Zielkriterium | Potential | | | | | | |
|---|---|---|---|---|---|---|---|
| | kein | gering | eher gering | mittel | eher hoch | hoch | sehr hoch |
| Verbesserung der Kommunikationsprozesse | ❑ | ❑ | ❑ | ❑ | ❑ | ❑ | ■ |
| Verbesserung und Beschleunigung der Entwicklungsprozesse | ❑ | ❑ | ❑ | ❑ | ❑ | ■ | ❑ |
| Realisierung kontinuierlicher Arbeitsprozesse | ❑ | ❑ | ❑ | ❑ | ❑ | ■ | ❑ |
| Verringerung des Arbeits- und Reiseaufwands | ❑ | ❑ | ❑ | ■ | ❑ | ❑ | ❑ |
| Steigerung der Wettbewerbsfähigkeit | ❑ | ❑ | ❑ | ❑ | ❑ | ■ | ❑ |
| Reduzierung der Mitarbeiterbelastung | ❑ | ❑ | ■ | ❑ | ❑ | ❑ | ❑ |
| Erlangung höherer Arbeitszufriedenheit | ❑ | ❑ | ❑ | ❑ | ■ | ❑ | ❑ |

**Bild 4.6.** Bewertung

KARMANN sah aus zwei Gründen ein hohes Potential zur Steigerung der Wettbewerbsfähigkeit durch Telekooperation. Zum einen wurden durch die Reduzierung des Reise- und Arbeitsaufwands *Kommunikationskosten* und *-folgekosten* gespart, die nur zum Teil dem Kunden weitergegeben werden können. Dieser Effekt kann sich auch auf zukünftige Akquisitionen auswirken, bei denen die Einsparungseffekte zwischen den Kooperationspartnern geteilt werden könnten. Zum anderen können durch die intensive Nutzung von Telekooperation die Wettbewerbsnachteile durch den Standort Osnabrück mit seinen großen Entfernungen zu den meisten deutschen Automobilherstellern gemildert werden.

Insgesamt sah KARMANN auch eine Verbesserung der Arbeitssituation der Mitarbeiter. Diese war jedoch weniger an einer Reduktion der Mitarbeiterbelastung durch weniger Kommunikationsprobleme festzumachen, die fast vollständig durch eine höhere Arbeitsleistung (bspw. Konstruktionsarbeit) pro Zeiteinheit kompensiert wurde. Zudem wurde die Arbeit durch zusätzliche Systeme komplexer.

Diese Kompensation führte jedoch zu einer höheren Arbeitszufriedenheit. Durch die Bereitstellung hochwertiger Kommunikationswerkzeuge wurde weniger Zeit für niederwertige Kommunikationsaufgaben oder Probleme „verschwendet“ und die *Kreativität* bei der Lösungsfindung unterstützt. Die *Kommunikationseffizienz* stieg dadurch insgesamt und leistete einen wesentlichen Beitrag zur *Akzeptanz* von Telekooperation.

Ausblick

Obwohl die Systeme zunächst nur in dem ausgewählten Projekt mit BMW eingesetzt werden sollten, zeigt bspw. eine Untersuchung der Anlagennutzung, daß die Videokonferenzanlage sehr schnell auch in anderen Fahrzeugprojekten und in der Kommunikation mit anderen Kunden eingesetzt wurde (Bild 4.7.).

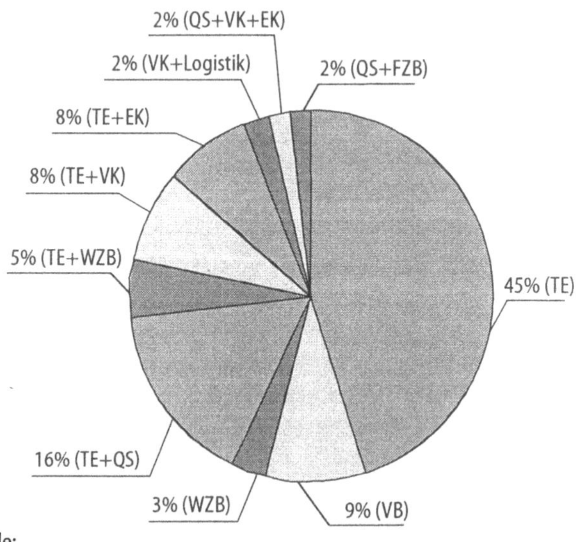


Legende:

TE: Technische Entwicklung
VK: Verkauf
QS: Qualitätssicherung
FZB: Fahrzeugzusammenbau
VB: Vorrichtungsbau
WZB: Werkzeugbau
EK: Einkauf

**Bild 4.7.** Nutzung von Videokonferenzen bei KARMANN

Hierbei wirkte sich sicherlich positiv aus, daß derartige Anlagen bereits bei sehr vielen Unternehmen aus der Automobilbranche verfügbar sind. Dort wurden sie allerdings bisher kaum im Bereich Produktentwicklung eingesetzt. Inzwischen wird bei KARMANN überlegt, zusätzliche Systeme dieser Art anzuschaffen.

## 4.3 Telekooperative Entwicklung von Stoßfängern

Das Unternehmen

Die PEGUFORM GmbH produziert Kunststoff-Systeme für die Automobilindustrie. Hierzu zählen vor allem Stoßfängersysteme, Instrumententafeln, Tür- und andere Innenraumverkleidungen sowie Funktionsteile im Motorraum. Die Entwicklung dieser Systeme/ Komponenten erfolgt in enger Zusammenarbeit mit den Fahrzeugherstellern. Entwicklungsanteil und -verantwortung von PEGUFORM als Systemlieferant haben in der Vergangenheit ständig zugenommen. Heute werden nahezu alle Produkte, die PEGUFORM herstellt, gemäß den Styling-Vorgaben und technischen Anforderungen der Automobilhersteller bei PEGUFORM entwickelt.

Bedarf an Simultaneous Engineering

Zur Verkürzung der Entwicklungszeiten gehen die Automobilhersteller dazu über, die einzelnen Entwicklungsschritte im Sinne des Simultaneous Engineering (siehe Kap. 2.2.1) durch Parallelisierung von Einzelschritten abarbeiten zu lassen. In dem von PEGUFORM bearbeiteten Marktsegment ist dies schon deswegen notwendig, weil allein die Bauzeit der erforderlichen Großwerkzeuge einen erheblichen Anteil der gesamten Entwicklungszeit beansprucht. So beträgt die Bauzeit eines Spritzgußwerkzeuges für eine Stoßfängerverkleidung ca. 10 Monate. Hinzu kommen noch ca. 3 – 5 Monate für notwendige Abstimmungs- und Optimierungsmaßnahmen bis zur Serienreife.

Probleme bei der Abstimmung

Der Abstimmungsbedarf mit den Kunden ist für PEGUFORM aufgrund der hinzugekommenen Entwicklungstätigkeit deutlich gestiegen. Einige Kunden verlangen inzwischen, daß Mitarbeiter von PEGUFORM über Monate hinweg vor Ort beim Kunden präsent sind. Damit wird das Kommunikationsproblem nicht gelöst, sondern zum Zulieferer verlagert, denn die Mitarbeiter vor Ort müssen auch weiterhin intensiv mit den Kollegen im eigenen Unternehmen kommunizieren.

Ansonsten finden Abstimmungstreffen mit dem Kunden (z. B. SE-Teamsitzungen) meistens vierzehntägig oder vierwöchig statt. Hierdurch kommt es zu einer ungleichmäßigen Problembearbeitung, d. h. Entwicklungsarbeiten müssen bei auftretenden Problemen immer wieder unterbrochen werden. Für die Entwickler von PEGUFORM bedeutet dies, sich jedesmal erneut in die Aufgabenstellung einarbeiten zu müssen. Zahlreiche Dienstreisen verursachen zudem hohe Reisekosten, Zeitverluste und Ressourcenbindung sowie eine hohe Mitarbeiterbelastung.

### 4.3.1 Projektrahmen

Projektrahmen

Aus diesem Grund wurde zwischen PEGUFORM (Bötzingen) und dem Kunden BMW (München) die Erprobung von Telekooperationssystemen zur Unterstützung von Simultaneous Engineering Projekten vereinbart. Das Potential von Telekooperation sollte anhand o.g. Ziele (siehe Kap. 4) bewertet werden.

Zur Erreichung dieser Ziele sollten die Einsatzmöglichkeiten moderner Telekooperationssysteme identifiziert und die Systeme in einem realen Produktivumfeld erprobt werden. Hierzu wurde ein gemeinsames Entwicklungsprojekt ausgewählt. Dabei handelte es sich um die zu dem Zeitpunkt erst vor kurzem begonnene Entwicklung eines Stoßfängers für BMW im Rahmen eines neuen Fahrzeugprojektes.

### 4.3.2 Analyse und Konzeption

Vorgehensweise

Zunächst wurde im Rahmen der Analysephase der zu erwartende Abstimmungsbedarf ermittelt. Dazu wurde auf Basis der bereits vorhandenen Gateway-Pläne ein Kommunikationsplan generiert, in dem die wesentlichen Prozeßschritte mit den zu erwartenden Kommunikationsbeziehungen dargestellt wurden (vgl. Kap. 2.2.1.2). Für besonders abstimmungsintensive Aktivitäten, wie die Konstruktion der ersten Baugruppe, wurde eine detailliertere Analyse mit Hilfe der Prozeßelemente-Methode durchgeführt (vgl. Kap. 3.2.4). Im allgemeinen variiert die Vorgehensweise zur Entwicklung von Stoßfängern nur geringfügig. Daher erfolgte die Prozeßanalyse anhand ausgewählter Praxisbeispiele. In Bild 4.8. ist ein typischer, mit Hilfe der Prozeßelemente-Methode modellierter Änderungsprozeß dargestellt.

Beispiel für konventionellen Änderungsprozeß

Bei diesem Beispiel handelt es sich um einen vom Design ausgehenden Änderungswunsch am Stoßfänger. Die Fragestellung lautet: Kann der Steg für die Spoilermontage um 1 mm erhöht und bis zum Ende des Radlaufs gezogen werden? Ein erster Lösungsvorschlag wird von dem zuständigen Konstrukteur ausgearbeitet.

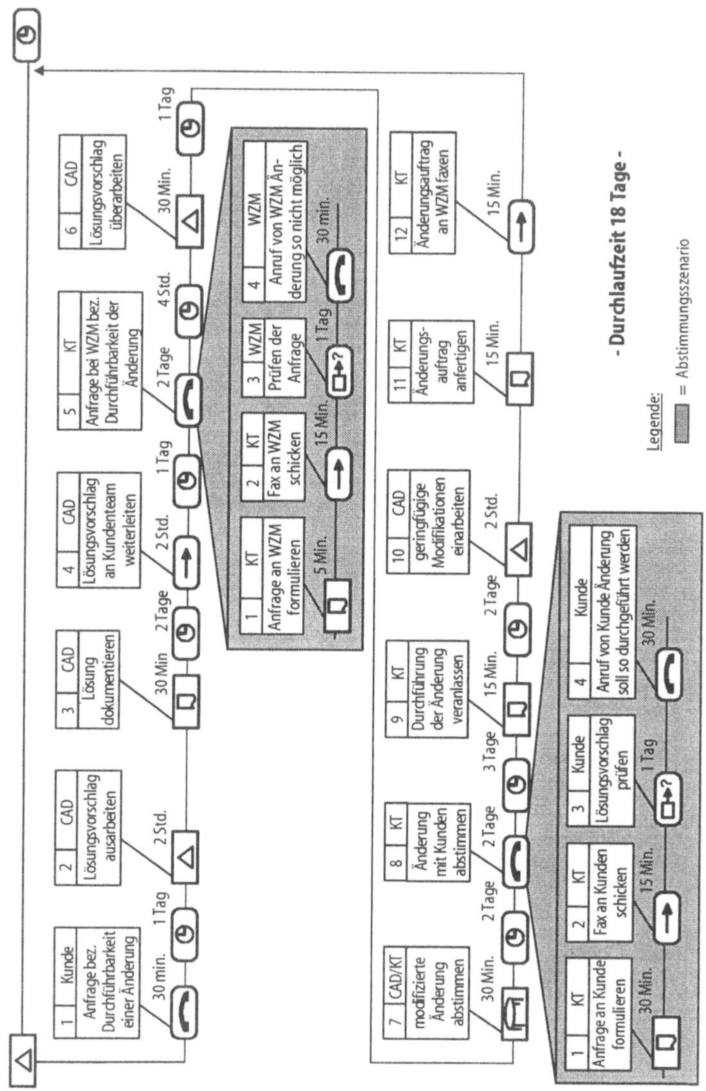


**Bild 4.8.** Beispiel für typische Änderungsabwicklung

Änderungsprozeß mit Telekooperation

Die Überprüfung durch den mit der Herstellung des Werkzeugs beauftragten Werkzeugmacher ist negativ. Ein neuer Lösungsvorschlag wird entwickelt und mit dem Kunden abgestimmt. Anschließend wird der Werkzeugmacher mit der Durchführung der Änderung beauftragt.

Die Klärung dieser Fragestellung dauerte 18 Tage. Die reine Bearbeitungszeit beträgt in diesem Beispiel nur 7%. Der Anteil der Liegezeit macht dagegen 93% aus. Zu den Liegezeiten kommt es dadurch, daß die verantwortlichen Projektleiter nicht immer erreichbar sind, Mitarbeiter auch in anderen Projekten mitarbeiten und Wochenenden dazwischen liegen.

In Bild 4.9. ist ein alternativer Prozeßablauf unter Einsatz von Telekooperation dargestellt. Dieser nimmt nur 2 bis 3 Tage in Anspruch. Dies entspricht einer Verringerung der Durchlaufzeit von bis zu 80%.

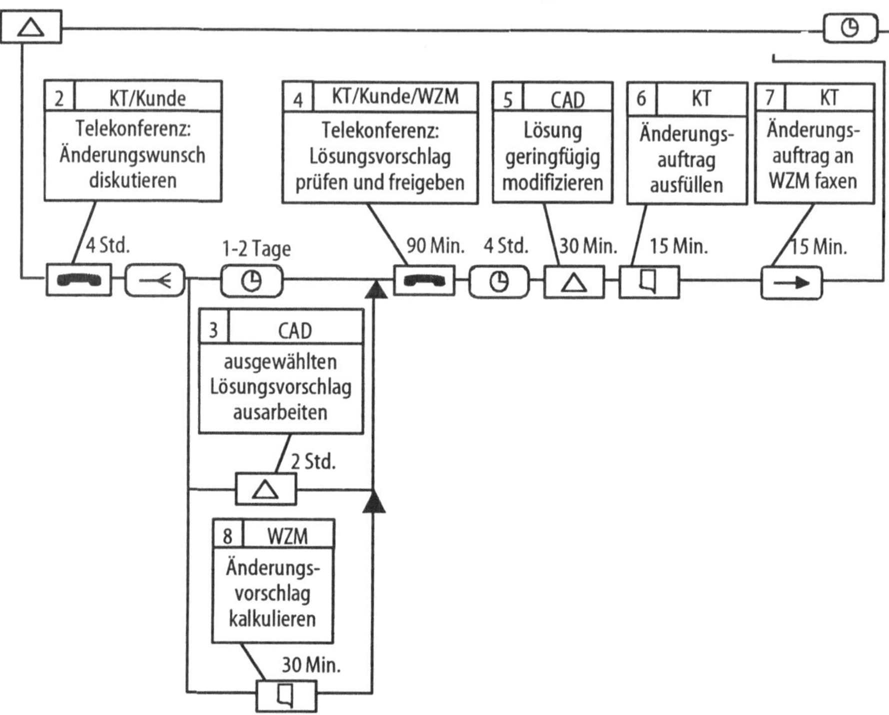


**Bild 4.9.** Abstimmung mit Telekooperation

Die Analyse ergab zahlreiche Ansatzpunkte für den sinnvollen Einsatz von Telekooperationssystemen nicht nur in der Kommunikation zu BMW, sondern vor allem auch in der Kommunikation zu den eigenen Unterlieferanten, wie z. B. Werkzeugbauunternehmen oder Vorrichtungslieferanten. Daraufhin wurden zusammen mit den Anwendern erste Anforderungen an eine Systemunterstützung ermittelt. Anschließend sollten die Anwender zunächst eigene Erfahrungen mit Telekooperation sammeln, bevor eine endgültige Bestimmung der Anforderungen getroffen wurde.

### 4.3.3 Technische Realisierung

PC-basiertes Teleconferencing

Bei PEGUFORM entschloß man sich bzgl. der technischen Realisierung für eine PC-basierte Teleconferencing-Lösung (siehe Kap. 2.3.6.2). Zu diesem Zweck wurden zwei Systeme beschafft und entsprechend konfiguriert, wobei das eine System BMW im Rahmen des bestehenden Auftragsverhältnisses zur Verfügung gestellt wurde. Das bei PEGUFORM in Bötzingen befindliche System und die Gegenstelle im Forschungs- und Ingenieurszentrum bei BMW wurden in Form einer ISDN-Direktverbindung betrieben, so daß keine LAN-Kopplung über Router notwendig war (vgl. Kap. 2.3.3.3).

Auf die Integration der Prototypen in die unternehmenspezifischen EDV-Supportstrukturen wurde zunächst verzichtet. Um potentielle technische Sicherheitsdefizite dieser Lösung zu vermeiden, wurde durch organisatorische und persönliche Maßnahmen sichergestellt, daß kein Durchgriff in das lokale Computernetz der jeweiligen Unternehmen erfolgen konnte. Die Betreuung der beiden Systeme wurde durch den Zulieferer PEGUFORM realisiert. Mit dieser Lösung zeigten die beiden Unternehmen die notwendige organisatorische Flexibilität, um den schnellen und unkomplizierten Prototypeneinsatz zu ermöglichen.

Das CAD-Conferencing wurde realisiert, indem die X11-Bildinformationen des in Bötzingen befindlichen CAD-Systems – in diesem Fall CATIA auf einem UNIX-Host – auf den Telekonferenz-PC umgeleitet und dort mit Hilfe einer X11-Emulationssoftware dargestellt wurden.

### 4.3.4 Einführungsprozeß

Fokus auf „Shared Whiteboard"

Weil aufgrund organisatorischer Sicherheitsmaßnahmen ein direkter Zugriff auf den CATIA-Host in einer Telekonferenz von einem der Partner nicht erwünscht war und somit auch kein direktes Application Sharing der CATIA-Emulation erfolgen konnte, wurde die Telekonferenz durch den Konstrukteur bei PEGUFORM stets so vorbereitet, daß neben dem Videoconferencing alleinig das Shared Whiteboard eingesetzt werden konnte.

Zu diesem Zweck erstellte der PEGUFORM-Konstrukteur verschiedene für die anschließende Abstimmung via Telekonferenz relevante Ansichten des CAD-Modells in Form von Screenshots und legt diese auf unterschiedlichen Seiten des Whiteboard ab. In der nachfolgenden Telekonferenz mit dem Partner bei BMW wurde anhand dieser Darstellungen eine Lösung für die jeweilige Konstruktionsaufgabe entwickelt und entsprechende Alternativen im Whiteboard skizziert. Die skizzierten Lösungsvorschläge dienten dann dem PEGUFORM-Konstrukteur als Grundlage für Änderungen des CAD-Modells in CATIA. Ein Bildausschnitt aus einer solchen Telekonferenz ist in Bild 4.10. dargestellt.

Der wesentliche Vorteil dieser Vorgehensweise besteht darin, daß durch die umfassende vorherige Problemaufbereitung eine inhaltlich stringente Telekonferenz möglich ist und Abstimmungsergebnisse leicht dokumentiert werden können, indem die jeweiligen Whiteboard-Dateien von beiden Partnern gespeichert werden. Darüber hinaus bewirkt die kommunikationstechnisch einfachere Softwarestruktur des Shared Whiteboard eine höhere Systemrobustheit bzw. -stabilität als eine Benutzung des Application Sharing, das vergleichsweise tief in die Windows-Systemarchitektur eingreift.

Der Nachteil dieses Arbeitsablaufes besteht in einer zeitlichen Ineffizienz gegenüber einer direkten Erörterung des CAD-Modells via Application Sharing, weil die Modellansichten vor- und nachbereitet werden müssen. Ferner können keine originalen Modellbestände verwendet werden, so daß eventuell notwendige Aktualisierungen nicht durchgeführt (nachbereitet) werden und ggf. unbemerkt bleiben.

Zeitlicher Ablauf des Einführungsprozesses

Der Einführungsprozeß von CAD-Teleconferencing ist hinsichtlich der zeitlichen Verteilung und Typisierung von Sitzungen für einen gesamten Zeitraum von 20 Wochen in Bild 4.11. dargestellt. In diesem Zeitraum fanden insgesamt 19 Telekonferenzen statt, wobei die mittlere Konferenzdauer ca. 50 Min. (S = 34 Min.) betrug. Durch die alleinige Nutzung des Shared Whiteboard wurde sichergestellt, daß die technikbezogenen Hygienefaktoren erfüllt waren (siehe Kap. 3.1.2). Es wurde von Anfang an eine hohe Robustheit des CAD-Conferencing erreicht, so daß nur bei einer Sitzung nennenswerte technische Störungen auftraten.

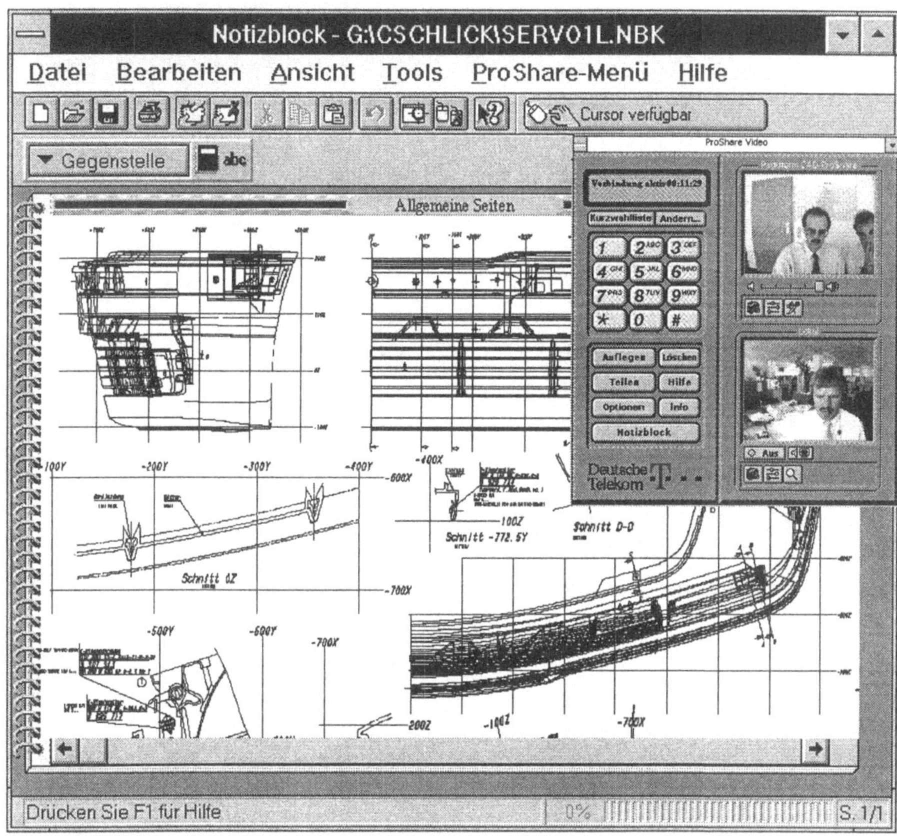


**Bild 4.10.** Ausschnitt aus einer CAD-Konferenz

Aufgrund dieser Robustheit und weiterer Software-ergonomischer Systemkriterien, wie z. B. einer konsistenten Benutzungsschnittstelle, konnte die Einführungsphase vor Ort mit einer Telekonferenz in Form einer offiziellen Systemvorstellung bewältigt werden. Danach wurde direkt in die sog. Produktivphase übergeleitet, die durch einen produktiven, d. h. in den realen Konstruktionsprozeß integrierten Systemeinatz gekennzeichnet ist.

Um eine derartig reibungslose Systemeinführung zu gewährleisten, gingen der eigentlichen vor Ort Einführung umfassende Schulungsmaßnahmen auf der Seite von PEGUFORM voraus. Diese Maßnahmen wurden durch das Forschungsprojekt flankiert, indem potentielle Systemnutzer beider Unternehmen im Umgang mit der CSCW-Technologie trainiert wurden.

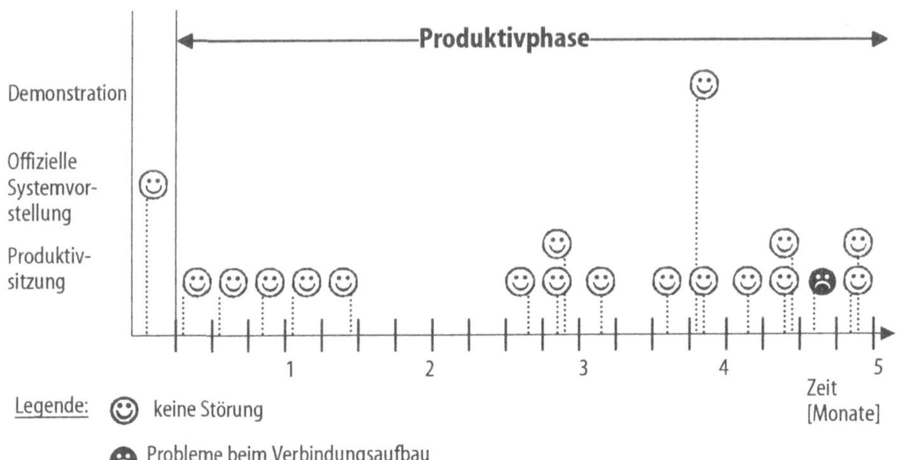


**Bild 4.11.** Einführungsprozeß von CAD-Telekonferenzen bei PEGUFORM und BMW

Um den Erfolgsfaktor Migrationsgeschwindigkeit positiv zu gestalten, wurden schon bald zusätzliche Systeme beschafft. Ziel war es, möglichst schnell weitere Erfahrungen mit dieser innovativen Kooperationsform sammeln zu können. Einige der Systeme wurden interessierten Werkzeugbauunternehmen und Vorrichtungslieferanten sowie anderen Kunden jeweils für einige Zeit kostenlos überlassen. Auf diese Weise konnte die Anzahl möglicher Telekooperationspartner erhöht werden und die Akzeptanz der Systeme bei den Anwendern gesteigert werden.

### 4.3.5 Bewertung

Positive Bilanz

Das Pilotprojekt zur Einführung von Telekooperation bei PEGUFORM wurde sowohl von den Vorgesetzten wie auch von den Anwendern positiv beurteilt. Bild 4.12. zeigt die Einschätzung der Potentiale von Telekooperation durch PEGUFORM.

Insbesondere bzgl. der Verbesserung der Kommunikationsprozesse wurde ein hohes Potential gesehen, welches im Pilotprojekt bereits teilweise umgesetzt werden konnte. Durch die Interaktion, die die Telekooperationssysteme ermöglichen, wurden Ideen und Problemlösungen in höherer Qualität als durch Telefon/Fax besprochen bzw. generiert (*Kreativität*). Die kurzfristige *Integration* von Experten trug ebenfalls zur Erhöhung der *Kommunikationseffizienz* bei. Eine Verringerung der *Prozeßdauer* und Kontinuisierung der Entwicklungsprozesse wurde durch die Möglichkeit der Klärung auch komplexer Probleme bereits vor dem nächsten persönlichen Treffen erreicht.

| Zielkriterium | Potential | | | | | | |
|---|---|---|---|---|---|---|---|
| | kein | gering | eher gering | mittel | eher hoch | hoch | sehr hoch |
| Verbesserung der Kommunikationsprozesse | ❑ | ❑ | ❑ | ❑ | ❑ | ■ | ❑ |
| Verbesserung und Beschleunigung der Entwicklungsprozesse | ❑ | ❑ | ❑ | ❑ | ■ | ❑ | ❑ |
| Realisierung kontinuierlicher Arbeitsprozesse | ❑ | ❑ | ❑ | ❑ | ■ | ❑ | ❑ |
| Verringerung des Arbeits- und Reiseaufwands | ❑ | ❑ | ■ | ❑ | ❑ | ❑ | ❑ |
| Steigerung der Wettbewerbsfähigkeit | ❑ | ■ | ❑ | ❑ | ❑ | ❑ | ❑ |
| Reduzierung der Mitarbeiterbelastung | ❑ | ❑ | ■ | ❑ | ❑ | ❑ | ❑ |
| Erlangung höherer Arbeitszufriedenheit | ❑ | ❑ | ❑ | ❑ | ■ | ❑ | ❑ |

**Bild 4.12.** Bewertung des Einführungsprozesses

Eine Reduzierung des Reiseaufwands wurde von PEGUFORM in geringerem Maße gesehen und realisiert. Eine maßgebliche Reduzierung wird sich dann einstellen, wenn alle Partner der Entwicklungskette zur intensiven Nutzung der Systeme fähig sind.

Auch bezogen auf die Wettbewerbsfähigkeit sah PEGUFORM geringes Potential. Begründet wurde dies zum einen mit der unterdessen einfachen Anschaffung von Systemen auch durch Mitbewerber. Zum anderen geht das Unternehmen davon aus, daß zukünftig Automobilhersteller die Nutzung von Telekooperation vorschreiben werden, was zu einem schnellen Angleichen des Wissenstandes unter den Zulieferern führen wird.

Eher hoch wurde dagegen das Potential zur Erlangung höherer Arbeitszufriedenheit gesehen. Zwar entstand aufgrund des immer stärker werdenden Zeitdrucks kaum eine Entlastung der Mitarbeiter, da die gewonnene Zeit aus der erhöhten *Kommunikationseffizienz* und geringeren *Prozeßdauern* für anderen Tätigkeiten genutzt wurde. Die Möglichkeit, kurzfristig anstehende Probleme *flexibel* und mit hoher *Informationsdichte* zu klären, führte aus Sicht von PEGUFORM zur Erhöhung der Arbeitszufriedenheit. Diese könnte durch eine zusätzliche Verringerung der Reisetätigkeiten mit ihren z.T. großen persönlichen Aufwänden weiter erhöht werden.

Ausblick

Der maximale Nutzen von Telekooperation wird aus Sicht von PEGUFORM erst dann erzielt, wenn es gelingt, die gesamte Prozeßkette telekooperativ zu gestalten (Bild 4.13.), denn nur so sind alle Potentiale zur Verkürzung der Entwicklungszeiten erschließbar. Bei PEGUFORM wird derzeit eine solche Strategie zur Verbreitung der Telekooperation entlang der gesamten Wertschöpfungskette realisiert.

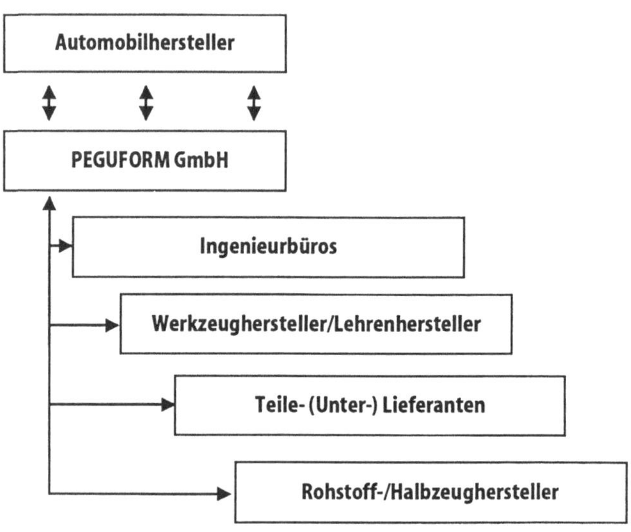


**Bild 4.13.** Durchgängigkeit von Telekooperation in der gesamten Prozeßkette

## 4.4 Vergleich der Einführungsprozesse mittels Erfolgsfaktoren

Die Bewertung der Güte eines Einführungsprojekts läßt sich mittels der in Kap. 3.1.3 beschriebenen Erfolgsfaktoren durchführen. Die Bewertung erfolgt durch jeden Kooperationspartner, um ggf. unterschiedliche Einführungsgüten darstellen zu können. Die folgende Abbildung 4.14 gibt die Bewertung der drei Einführungsprojekte aus der Sicht der jeweiligen Partner wieder, so daß insgesamt 6 Bewertungen dargestellt werden.

Das „best in practice" Profil ist gesondert gekennzeichnet. Zu dem Erfolg von Telekooperation in diesem Beispiel hat die hohe Erfüllung einer Reihe von Erfolgsfaktoren beigetragen. Im Vergleich zu den anderen Profilen sind die Erfolgsfaktoren „Akzeptanz", „Motivation", „Verfügbarkeit/ Zugänglichkeit der Systeme", „Management Guidance" und „Support-Reaktionszeit" (siehe Kap. 3.1.3) besonders hervorzuheben, die sich natürlich auch gegenseitig beeinflussen.

Die Überzeugungsarbeit, die während des Projektes insbesondere von Seiten des Managements als Machtpromotoren geleistet wurde, hat wesentlich dazu beigetragen, organisatorische Hindernisse der Anschaffung von Telekooperationssystemen abzubauen. Durch die intensive Unterstützung der Pilotanwender durch interne Prozeßpromotoren wurde eine hohe Systemverfügbarkeit gewährleistet und auftretende Probleme kurzfristig gelöst. Dies trug maßgeblich zur Akzeptanz von Telekooperation und Motivation zur Nutzung bei.

Es zeigte sich jedoch auch, daß trotz der hohen Einführungsqualität nicht alle Potentiale von Telekooperation umgesetzt werden konnten, da der Einführungsprozeß beim Kooperationspartner nicht in der selben Geschwindigkeit und Güte vonstatten ging.

Trotzdem ging vom Pilotprojekt unternehmensintern die gewünschte Breitenwirkung aus, nachdem der Erfolgsfaktor „Bekanntheit intern" als Konsequenz der schlechteren Bewertung verbessert wurde. Viele Kollegen anderer Projekte wollten an dem Erfolg der Pilotanwender teilhaben. Die schnelle Verbreitung wurde durch die kurzfristige Installation weiterer PC-gestützter Telekooperationssysteme gefördert, durch die ein kostengünstiger Einstieg in die Telekooperation möglich war.

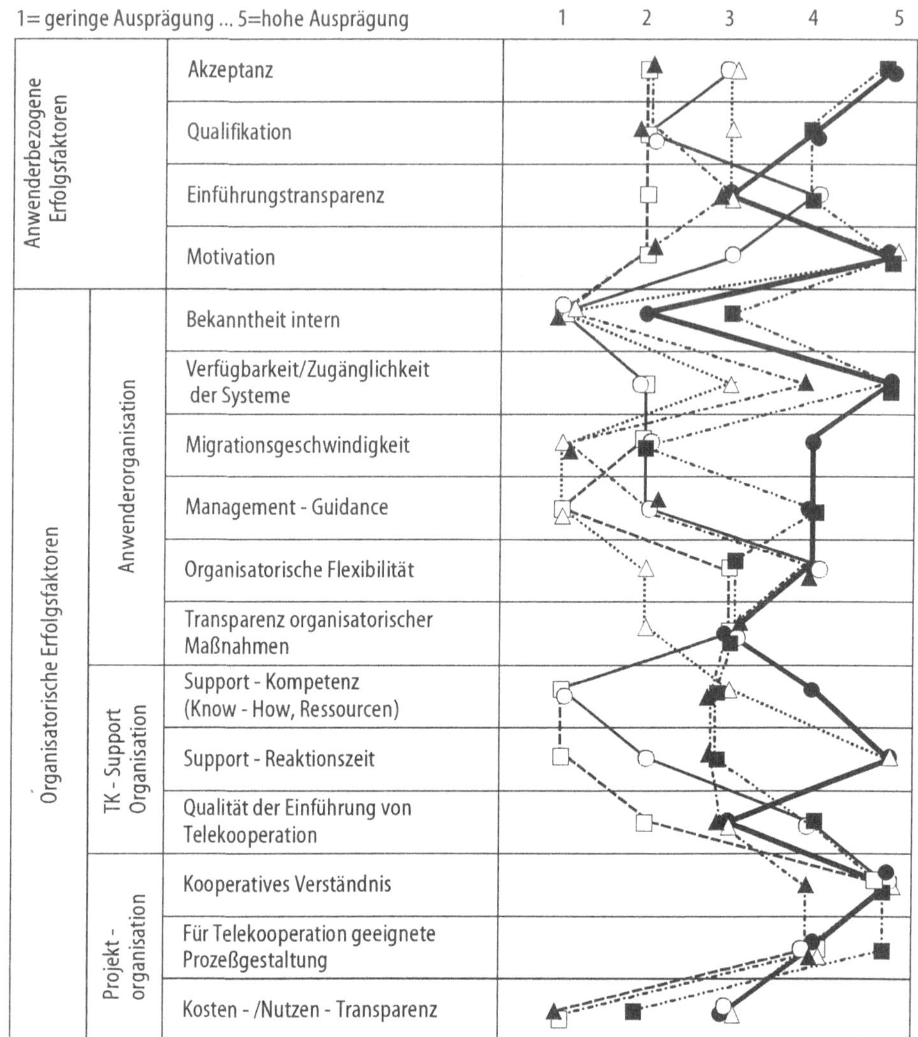


**Bild 4.14.** Erfolgsfaktorenprofil für die sechs Organisationseinheiten

# 5 Ausblick

Versucht man eine langfristige Prognose hinsichtlich Arbeit und Organisation in unternehmensübergreifenden Entwicklungsprozessen, so ist von zwei dominierenden Kräften auszugehen. Bei der ersten Kraft handelt es sich um die bereits im Einleitungskapitel zitierte Globalisierung der Absatz- und Beschaffungsmärkte, die weiter an Bedeutung gewinnen wird. Ziel dieser Expansion sind steigende Skalenerträge, das heißt, daß durch entsprechende Volumenzuwächse überproportionale Gewinne erzielt werden können.

Ein kurzfristig sehr wirksames Instrument zur Zielerreichung sind Unternehmensfusionen und -akquisitionen. Wer die Kapitalmärkte in der letzten Zeit verfolgt hat, dem wurde durch die Vielzahl von "Mergers & Acquisitions" -z.B. Daimler-Benz und Chrysler oder auf der nationalen Ebene Krupp und Thyssen- klar, daß bereits heute dieses Instrument intensiv genutzt wird. Die zweite treibende Kraft ist die Notwendigkeit einer drastischen Verkürzung der "time-to-market". Zu diesem Zweck werden Entwicklungsaufgaben noch viel weitergehender parallelisiert und integriert werden müssen (vgl. Kapitel 2.2.1), um einen möglichst früher Markteintrittspunkt zu erreichen und die Rentabilität zu maximieren. Unter diesen Voraussetzungen lassen sich in Anlehnung an Untersuchungen der Sloan School of Management des Massachusetts Institute of Technology (LAUBACHER et al. 1997) zwei gegensätzliche Szenarien für das Jahr 2015 entwickeln:

Szenario 1 - Virtuelle Unternehmen

Virtuelle Unternehmen

Das Unternehmen des 21. Jahrhunderts hat zwischen einem und zehn Mitarbeitern. Zur Durchführung von Entwicklungsprojekten schließen sich diese "Mikrounternehmen" im Sinne eines dynamischen Netzwerkes von autonomen Einheiten zusammen. Die Netzwerkstruktur wird einzig und alleine durch die marktwirtschaftlichen Prinzipien von Angebot und Nachfrage gebildet. Auf diese Weise nimmt der Kunde den Prozeß der Produktentwicklung zwar als Einheit wahr, die hinterlegte Unternehmensorganisation existiert jedoch nur scheinbar (virtuell). Zusammenschlüsse sind zeitlich auf Projektlaufzeiten begrenzt und unterliegen somit einer andauernden Metamorphose. Der Begriff "Kernkompetenz" wird erheblich enger gefaßt werden als in konventionellen Strukturen. Bereits heute gibt es Ansätze für dieses Szenario: Der Sportschuhhersteller Nike definiert nur noch die Funktionen Marketing und Design als Kernkompetenzen und hat alle anderen Funktionen, wie z.B. Herstellung und Distribution, an Auftragnehmer vergeben, die jederzeit gewechselt werden können.

Globale Konglomerate

Szenario 2: Globale Konglomerate

Das Unternehmen des 21. Jahrhunderts ist Bestandteil eines riesigen, global operierenden Konglomerats mit einer mächtigen Holding im Zentrum und einem mehr oder weniger permanenten Netz von Systemzulieferern in der Peripherie. Diese Konglomerate beschäftigen mehrere zehntausend oder sogar hunderttausend Mitarbeiter und verfügen über eine große Marktmacht. In Asien spricht man von "keiretsu", weitverzweigten Netzwerken, durch die Hersteller ihre Zulieferer langfristig an sich binden. Generell entsprechen die globalen Konglomerate dem Korporatismus nach Beispiel der "Japan AG". Das heißt, die politischen, wirtschaftlichen und kulturellen Kräften der gesamten Volkswirtschaft werden gebündelt und das gesamte Land wird in der Art und Weise eines Konzerns geführt. Aufgrund der in der Vergangenheit schnell wachsenden Sozialprodukte, z.B. der asiatischen "Tigerstaaten", glaubte man lange Zeit, daß dieses Modell der vergleichsweise liberalen westlichen Marktwirtschaft überlegen wäre. Die gegenwärtige "Asiatische Grippe" an den Geld- und Kapitalmärkten, ausgelöst durch Wechselkursturbulenzen, hat jedoch Zweifel genährt, ob der Korporatismus zumindest auf Länderebene tatsächlich als langfristiges Erfolgsmodell gelten kann. Ungeachtet dieser Tatsache deuten die Vielzahl von Mega-Fusionen und -Akquisitionen darauf hin, daß in bestimmten Branchen die globalen Konglomerate durchaus als profitable Zukunftsperspektive gesehen werden und dieser Konzentrationsprozeß anhalten wird.

So verschieden die beiden Szenarien auch sind, sie haben eine Gemeinsamkeit: Der Grad der computerunterstützten organisatorischen Vernetzung von Entwicklungsprozessen wird auch in Zukunft weiter steigen.

Virtuelle Hochleistungsteams

Erweitert man diese Prognose im Hinblick auf die persönliche Zusammenarbeit, so wird deutlich, daß langfristig die Arbeit in global verteilten bzw. "virtuellen" Teams einen hohen Stellenwert einnehmen wird. In diesen Teams spielt weder der räumliche noch der organisatorische Status eine besondere Rolle, so daß auch vom "extended enterprise" gesprochen wird. Offene Fragen sind hierbei, wie in derart dynamischen und zeitweise nur lose gekoppelten Strukturen eine Zielidentität, Plankompatibilität oder gerechte Erfolgszuschreibung (vgl. Kapitel 2.2.2) realisiert werden kann. Eng verknüpft ist eine angemessene Leistungsbewertung, die auch Aussagen darüber zuläßt, welche Eigenschaften eigentlich verteilte "Hochleistungsteams" besitzten müssen. Darüber hinaus müssen Konzepte und Verfahren entwickelt werden, mit denen eine Vertrauensbasis zwischen Entwicklern geschaffen werden kann, die unterschiedlichen Kulturkreisen (z.B. Deutschland versus Japan) entstammen. Diese kulturellen Unterschiede müssen sich nicht zwangsläufig auf den gesamten Lebensbereich beziehen, sondern es reichen bereits graduelle Unterschiede - z.B. in der ingenieurwissenschaftlichen Denkkultur - aus, um eine erfolgreiche Zusammenarbeit wesentlich zu erschweren. Daneben wird in Zukunft aufgrund ständig fallender "Halbwertszeiten" von Wissen die permanente Aus- bzw. Weiterbildung von Entwicklungsteams einen weitaus höheren Anteil der Arbeitszeit einnehmen müssen.

Wissens- statt Informationsmanagement

Auf Seiten der Telekooperationstechnologie ist zu erwarten, daß in Zukunft Produkt- und Prozeßinformationen weitaus stärker als bisher zu entscheidungsrelevanten Informationen verdichtet werden, so daß man vom Wissensmanagement bzw. "Corporate Memory" sprechen kann. Das heißt, daß beispielweise konventionelle Verzeichnisstrukturen auf CAD-Servern zu semantischen Produktdatenbanken aggregiert werden, die eine inhaltliche Suche auf feinkörniger Ebene ermöglichen. Zur Unterstützung bei diesen Suchaufgeben können sog. Software-Agenten eingesetzt werden, die als halbautonome Softwareprozesse Wissensbasen im Benutzerauftrag durchkämmen, Zwischenergebnisse mit anderen Software-Agenten austauschen und die Endergebnisse in einer gewohnten Berichtsform präsentieren. Ferner ist es anzustreben, daß synchrone und asynchrone Telekooperations-Funktionalitäten sehr viel stärker als bisher verzahnt werden, so daß persönliche Expertise mit formal strukturiertem und digital gespeichertem Wissen vernetzt werden kann.

In diesem Zusammenhang ist auch die Entwicklung von "intelligenten" Planungs- und Nachbereitungshilfen für computergestütze Abstimmungsprozesse abzusehen, die z.B. eine Terminkoordination, Moderation und Verteilung der dokumentierten Ergebnisse erleichtern sollen. Letztlich ist eine Diffusion innovativer Infomations- und Kommunikationstechnologien in sämtliche betrieblichen Funktionsbereiche zu erwarten, so daß sich Informationsbrüche entlang der Prozeßketten vermeiden lassen und der Endkunde selbst viel stärker in die einzelnen Entwicklungsphasen eingebunden werden kann.

# 6 Index

# 7 Literatur


Allen, Thomas J. (1984): Managing the Flow of Technology. MIT Press: Cambridge.

Arenskötter, M.; Komorek, C. (1993): Effiziente Produktentwicklung in der Metallverarbeitung - Status 1992/1993. AGIPLAN-Studie im Auftrag des Instituts für Unternehmenskybernetik. Mühlheim a. d. Ruhr: Eigendruck.

Argyle, M. (1982): Soziale Interaktion. Kiepenheuer und Witsch: Köln.

AWK (1996a): Verteilte Entwicklung - Unternehmensgrenzen überwinden. In Wettbewerbsfaktor Produktionstechnik, Hrsg. Aachener Werkzeugmaschinen Kolloquium, VDI-Verlag: Düsseldorf, S. 3.43 - 3.64

AWK (1996b): Kooperative Wertschöpfung - Produkt, Prozeß, Ressource. In Wettbewerbsfaktor Produktionstechnik, Hrsg. Aachener Werkzeugmaschinen Kolloquium, VDI-Verlag: Düsseldorf, S. 0.1 - 0.30

Baecker, R. M.; Grudin, J.; Buxton, W. A.; Greenberg, S. (1995): Human-Computer Interaction: Toward the Year 2000. Second Edition. Morgan Kaufmann: San Francisco.

Beitz, W.;Krumhauer, P.; Grabowski, H.; Heuwing, F.W. (1973): Stand und Entwicklungstendenzen der Terminplanung in Konstruktionsbereichen des Maschinenbaus. In : Industrie Anzeiger 23, S.88 ff.

Berr, M. A.; Feuerstein, G. (1988): Arbeits- und Kommunikationsanalysen aus Arbeitnehmersicht. Gutachten im Rahmen des Konzeptionsprojekts „Entwicklung von Zielen und Bedingungen für einen Versuch zur sozialverträglichen Gestaltung sogenannter Neuer Kommunikationstechniken aus der Sicht eines Personalrates", Universität Dortmund, Abteilung Informatik. Eigenverlag.

Böhm, J. (1981): Einführung in die Organisationsentwicklung - Instrumente, Strategien, Erfolgsbedingungen. Springer-Verlag: Berlin, Heidelberg.

BDW (1996): Probleme beim Datenaustausch verschlingen über 30% der Entwicklungskosten. Blick durch die Wirtschaft Nr. 119, S.10.

Becker, H.; Langosch, I. (1995): Produktivität und Menschlichkeit: Organisationssentwicklung und ihre Anwendung in der Praxis. F. Encke Verlag: Stuttgart.

Belzer, V. (1993): Unternehmenskooperationen. Erfolgsstrategien und Risiken im industriellen Strukturwandel. Rainer Hampp Verlag: München.

Bodensiek, P. (1996): Intranet Publishing. Que Publishing: Indianapolis.

Bornschein-Grass, C. (1995): Groupware und computerunterstützte Zusammenarbeit - Wirkungsbereiche und Potentiale. In: Picot, A.; Reichwald, R. (Hrsg.): Markt- und Unternehmensentwicklung. Deutscher Universitäts-Verlag: Wiesbaden.

Bullinger, H.-J.(1993): Geschäftsprozeßoptimierung und Informationslogistik Leitvortrag in: Wege aus der Krise. 12. IAO-Arbeitstagung, Berlin.

Bullinger, H.-J. (1993b): Wege aus der Krise - Geschäftsprozeßoptimierung und Informationslogistik, 12. IAO-Arbeitstagung, Berlin.

Bullinger, H.-J.; Wiedmann, G.; Niemeier, J. (1995): IAO-Studie: Business Reengineering. Institut für Arbeitsorganisation, Stuttgart. Eigenverlag.

Chapman, B. D.; Zwicky, E. D. (1996): Building Internet Firewalls. O'Reilly & Associates: Sebastopol; CA.

Comer, D. E. (1991): Internetworking with TCP/IP. Volume 1: Principles, Protocols, and Architecture. Prentice-Hall: Englewood Cliffs.

Conklin, J. (1992): Capturing Organizational Memory. In: Coleman, D. (Ed.): Proceedings Groupware '92. Morgan Kaufmann: San Francisco.

CONTACT (1996): Telekooperation in der Fahrzeugindustrie. VDI-Z 138, Nr. 11/12, S. 52-53.

Dunckel, H.; Volpert, W.; Zölch, M.; Kreutner, U.; Pleiss, C.; Hennes, K. (1993): Kontrastive Aufgabenanalyse im Büro: Der KABA-Leitfaden. In: Ulich, E. (Hrsg.): Mensch-Technik-Organisation, Band 5a. Verlag der Fachvereine: Stuttgart.

Dunckel, H. (1996): Psychologisch orientierte Systemanalyse im Büro. Huber-Verlag: Bern.

Dutton, H.; Lenhard, P. (1995): High-Speed Networking Technology. Third edition. Prentice Hall PTR: Upper Saddle River, NJ.

Eisenberg, E. M.; Goodall, H. L. (1993): Organizational Communication: Balancing Creativity and Constraint. St. Martin's Press: New York.

Eversheim, W. et al. (1993): Integrierte Produktentwicklung mit einem zeitparallelen Ansatz. CIM Management Nr. 2, S. 4-9.

Eversheim, W. et al. (1995a): Entwicklung von Fahrzeugsystemen im Verbund. VDI-Z 137, Nr 5, S. 32-35

Eversheim, W.; Bochtler, W.; Laufenberg, L. (1995b): Simultaneous Engineering - Erfahrungen aus der Industrie für die Industrie. Springer-Verlag: Berlin, Heidelberg.

Eversheim, W., Schuh, G. (1996): Betriebshütte - Produktion und Management. 7. Völlig neu bearbeitete Auflage, Teil 2, Springer-Verlag: Berlin, Heidelberg.

Eversheim, W. et al. (1996a): Verteilte Entwicklung - Erfahrungen mit dem Einsatz von fortschrittlichen Informations- und Kommunikationssystemen in der Automobilentwicklung. In: VDI Berichte Nr. 1302, S. 175-196, VDI-Verlag: Düsseldorf.

Eversheim, W. et al. (1996b): Telekooperation verschafft Wettbewerbsvorteile. io-Management, Nr. 5, S. 19-23.

Eversheim, W. et al. (1996c): Module und Systeme. Die Kunst liegt in der Strukturierung. VDI-Z 138, Nr 11/12, S. 44-48.

Eversheim, W. et al. (1997a): Methoden der Informations- und Kommunikationstechnik in der Produktentwicklung. Beitrag anläßlich der Tagung des wissenschaftlichen Rates der AIF am 19. November 1996. Hrsg. Gesellschaft für angewandte Informatik (GAI): Berlin.

Eversheim, W et al. (1997b): Informationstechnologien als Wegbereiter für den Wertschöpfungsverbund. In Tagungsunterlagen zur Produktionsmanagement Tagung am 13./14. Februar 1997 an der HSG St. Gallen, Institut für Technologiemanagement (ITEM). Eigendruck.

French, W. L.; Bell, C. H. (1990): Organisationsentwicklung; Bern und Stuttgart.

Greif, I. (Ed.) (1988): Computer-Supported Cooperative Work. Morgan Kaufmann: San Francisco.

Grudin, J. (1988): Why CSCW Applications fail: Problems in the Design and Evaluation of Organizational Interfaces. In: Conference on Computer-Supported Cooperative Work. Hrsg.: Association for Computing Machinery, Inc.

Gussin, R. Z. (1996) zitiert in Gassman, O.; Zedtwitz, M.: Internationales Innovationsmanagement. Verlag Vahlen: München.

Hales, K.; Lavery, M. (1991): Workflow Management Software: the Business Oportunity. London.

Hauschildt, J. (1997): Innovationsmanagement. Vahlen Verlag: München.

Herbst, D.; Springer, J. (1997): Typisierung von Kommunikation und Kooperation als Grundlage von Telekooperation in der verteilten Produktentwicklung. In: Brödner, P.; Hamburg, I.; Schmidtke, T. (Hrsg.): Informationstechnik für die integrierte, verteilte Produktentwicklung im 21. Jahrhundert. Institut Arbeit und Technik, Gelsenkirchen. Eigendruck.

Hesser, W. (1981): Untersuchungen zum Beziehungsfeld zwischen Konstruktion und Normung. DIN-Normungskunde Bd 16, Beuth: Berlin.

Heyn, M. et al (1997): Entwickeln im Netz. Nicht für immer, aber immer öfter. In Komplexität und Agilität. Festschrift zum 60. Geburstag von Prof. W. Eversheim. Hrsg. G. Schuh u. H. P. Wiendahl. Springer-Verlag: Berlin, Heidelberg, S. 74-85.

Johansen, R. (1988): Groupware: Computer Support for Business Teams. The Free Press.

Kahl, P. (1992): ISDN - Das neue Fernmeldenetz der Deutschen Bundespost Telekom. R. v. Deckers Verlag: Heidelberg.

Klingenberg, H.; Kränzle, H. P. (1983): Kommunikation und Nutzerverhalten - Die Wahl zwischen Kommunikationsmitteln in Organisationen. In Picot, A.; Reichwald, R. (Hrsg.): Bürokommunikation. CW-Edition: München.

Kötter, W.; Kreutner, U.; Pleiss, C. (1991): Zur psychologischen Analyse, Bewertung und Gestaltung kooperativer Arbeitsformen. In: Oberquelle, H. (Hrsg.): Kooperative Arbeit und Computerunterstützung: Stand und Perspektiven. Verlag für angewandte Psychologie: Stuttgart.

Krol, E. (1994): The Whole Internet. Second edition. O'Reilly Assoc.: Sebastopol, CA.

Luczak, H.; Herbst, D.; Schlick, C.; Springer, J.; Stahl, J. (1995): Kooperative Konstruktion und Entwicklung. In: Reichwald, R.; Wildemann, H. (Hrsg.): Kreative Unternehmen. Schäffer-Poeschel Verlag: Stuttgart.

Luczak, H.; Herbst, D.; Springer, J.; Schlick, C. (1995b): Telecooperation for Locally Distributed Working Persons. Proceedings of the IEA World Conference 1995, Rio de Janeiro, Brazil.

Luczak, H.; Herbst, D.; Springer, J.; Schlick, C.; Wolf, M. (1996): Telecooperation in Product Development - Chances and Risks of Intercorporate Networks. Proceedings of the International Symposium: Work in the information society. 20-22 May 1996, Helsinki, Finnland. Hrsg.: Rantanen, J.; Lehtinen, S.; Huuchtanen, P.; Hämä, M.; Laitinen, H.. Finnish Institute of Occupational Health, Helsinki 1996, S. 192-200.

Luczak, H.; Volpert, W. (Hrsg.) (1997): Handbuch Arbeitswissenschaft. Schäffer-Poeschel Verlag: Stuttgart.

Luczak, H.; Depolt, J.; Schlick, C.; Stahl, J. (1997b): „Tele"-Cooperation for Locally Distributed Product Development. In: Proceedings ASEAN Ergonomics, 97 5th SEAES Conference, November 6-8, 1997, Kuala Lumpur. Hrsg.: Halimahtun M. Kahalid. IEA Press, Kuala Lumpur, Malaysia 1997, S. 67-73.

Luczak, H.; Simon, S.; Springer, J. (1997 c): Computer Supported Communication and Cooperation - Building Social Environments into Computer Networks. In: Design of Computing Systems; Proceedings of the 7th International Conference on Human Computer Interaktion. Hrsg.: Gavriel Salvendy, Elsevier Sience B.V., Amsterdam, S. 277-280.

Luczak, H. (1997d):Vernetzt und erfolgreich. Das Unternehmen der Zukunft (2). In: Blick durch die Wirtschaft, FAZ 167, S. 5.

Luczak, H. (1998): Arbeitswissenschaft. Springer-Verlag: Berlin, Heidelberg.

Maaß, S. (1991): Computergestützte Kommunikation und Kooperation. In: Oberquelle, H. (Hrsg.): Kooperative Arbeit und Computerunterstützung: Stand und Perspektiven. Verlag für angewandte Psychologie: Stuttgart.

Markus, M. L.; Conolly, T. (1990): Why CSCW Applications Fail: Problems in the Adoption of Interdependent Work Tools. In: CSCW, S. 371 ff.

Morelli, D. M.; Eppinger, S. D.; Gulati, R. (1995): Predicting Communication in Product Development Organizations. IEEE Transactions on Engineering Management. Vol. 42, No. 3, S. 215-222.

Morris, C. W. (1973): Zeichen, Sprache und Verhalten. Pädagogischer Verlag Schwann: Düsseldorf.

Nielsen, J. (1995): Multimedia and Hypertext. The Internet and Beyond. AP Professional: Boston.

Nöller; C. (1998): Wirtschaftlichkeit der Telekooperation am Beispiel der Fahrzeugentwicklung. Dissertation RWTH-Aachen (im Druck).

Oberquelle, H. (1991): Kooperative Arbeit und menschengerechte Groupware als Herausforderung für die Software Ergonomie. In: Oberquelle, H. (Hrsg.): Kooperative Arbeit und Computerunterstützung: Stand und Perspektiven. Verlag für angewandte Psychologie: Stuttgart.

Okamura, K.; Fuijmoto, M.; Orlikowski, W. J.; Yates, J. (1994): Helping CSCW Applications Succeed: The Role of Mediators in the Context of Use. In: Proceedings of the Conference of Computer-Supported Cooperative Work, CSCW ´94. ACM Press: Chapel Hill, S. 55-65.

Otto, P.; Stransfeld, R.; Tonnemacher, J. (1986): Videokonferenz im Laborversuch. Springer-Verlag: Berlin, Heidelberg.

Picot, A.; Reichwald, R.; Wigand, R. (1996): Die grenzenlose Unternehmung. Information, Organisation und Management. Gabler Verlag: Wiesbaden.

Piepenburg, U. (1991): Ein Konzept von Kooperation und seine Implikationen für die technische Unterstützung kooperativer Prozesse. In: Oberquelle, H. (Hrsg.): Kooperative Arbeit und Computerunterstützung: Stand und Perspektiven. Verlag für angewandte Psychologie: Stuttgart.

Pullig, K.-K. (1987): Konferenztechniken. In: Kieser, A.; Reber, G., Wunderer, R. (Hrsg.): Handwörterbuch der Führung: Stuttgart.

Pye, R.; Champness, B.; Collins, H.; Connell, S.(1973): The description and classification of meetings. Communication Studies Group. University College. London.

Reichwald, R.; Möslein, K.; Sachenbacher, H.; Englberger, H.; Oldenburg, S. (1998): Telekooperation; Verteilte Arbeits- und Organisationsformen. Springer-Verlag: Berlin, Heidelberg.

Rose, B. (1996): Die wenigsten wissen, was STEP heute schon kann. VDI-Nachrichten, Nr.9, Ausgabe 1, S. 21.

Rupprecht-Däullary, M. (1994): Zwischenbetriebliche Kooperation. In: Picot, A.; Reichwald, R. (Hrsg.): Markt- und Unternehmensentwicklung. Deutscher Universitäts Verlag: Wiesbaden.

Schlick, C.; Neeb, M.; Springer, J. (1997): Wirtschaftlichkeitsuntersuchung von Desktop-Teleconferencing. In: Information Management, 1/97, S. 60-64.

Schlohbach, T. (1989): Die wirtschaftliche Bedeutung von Videokonferenzen im Informations- und Kommunikationsprozeß des Industriebetriebs. Verlag Harry Deutsch: Frankfurt a.M.

Schmoeckel, D. et al. (1995): Kooperation zwischen Unternehmen der Automobilindustrie, Erfahrungen und Entwicklungstendenzen. VDI-Z 137, Nr. 5, S. 36-38.

Schulz von Thun, F. (1981): Miteinander Reden: Störungen und Klärungen. Rowohlt Taschenbuch Verlag: Reinbeck.

Seitz, R. (1995): Computergestützte Tele- und Teamarbeit: Betriebliche Modelle, Werkzeuge und Einsatzpotentiale in der universitären Ausbildung. Deutscher Universitätsverlag: Wiesbaden.

Shannon, C.; Weaver, W. (1976): Mathematische Grundlagen der Informationstheorie. Oldenburg: München.

Spaniol, O.; Jakobs, K. (1993): Rechnerkommunikation. OSI-Referenzmodell, Dienste und Protokolle. VDI-Verlag: Düsseldorf.

Springer, J.; Herbst, D.; Schlick, C. (1996): Persönliche Kommunikation und Telekooperation – Anforderungen an telekooperative CAD-Systeme. In: Brödner, P.; Paul, H.; Hamburg, I. (Hrsg.): Kooperative Konstruktion und Entwicklung - Nutzungsperspektiven von CAD-Systemen. Rainer Hampp Verlag: München und Mering.

Springer, J.; Herbst, D.; Schlick, C.; Simon, S. (1997): Telekooperative Produktentwicklung - Integration von Kommunikationssystemen in CAx-Architekturen. In: VDI Berichte Nr. 1357, VDI-Verlag: Düsseldorf, S. 421-440.

Springer, J.; Herbst, D.; Schlick, C.; Stahl, J.; Wolf, M. (1997b): Investigation of Desktop-Teleconferencing in Automotive Design. In: Design of Computing Systems; Proceedings of the 7th International Conference on Human Computer Interaktion. Hrsg.: Gavriel Salvendy, Elsevier Sience B.V., Amsterdam, S. 305-308.

Stollenmeyer, P. (1994): Breitband-ISDN - Kommunikation ohne Grenzen? In: Heilmann, H. (Hrsg.): Wirtschaftinformatik - Hochgeschwindigkeitsnetze. HMD 177, S.30 ff.

Tanenbaum, A.S. (1989): Computer Networks. Second edition. Prentice Hall International: Englewood Cliffs.

Tanenbaum, A.S. (1996): „Computer Networks". Third edition. Prentice Hall PTR: Upper Saddle River, NJ.

Teufel, S.; Sauter, C.; Mülherr, T.; Bauknecht, K. (1995): Computerunterstützung für die Gruppenarbeit. Addison-Wesley: Bonn.

Volpert, W. (1982): Das Modell der hierarchisch sequentiellen Handlungsorganisation. In: Hacker, W.; Volpert, W.; Cranach, M. v. (Hrsg.): Kognitive und motivationale Aspekte der Handlung. Verlag Hans Huber: Bern.

Wahren, H. (1987): Zwischenmenschliche Kommunikation und Interaktion in Unternehmen: Grundlagen, Probleme und Ansätze zur Lösung. Walter de Gruyter & Co.: Berlin.

Wiener, N. (1967): Beginn und Aufstieg der Kybernetik. In: Haseloff, O. W. (Hrsg.): Grundfragen der Kybernetik. Colloquium-Verlag: Berlin, S. 9-13.

Wolters, H. (1995): Modul- und Systembeschaffung in der Automobilindustrie. Gestaltung der Kooperation zwischen europäischen Hersteller- und Zulieferunternehmen. Deutscher Universitäts-Verlag: Wiesbaden.

Zangemeister, C. (1993): Erweiterte Wirtschaftlichkeits-Analyse. Grundlagen und Leitfaden für ein „3-Stufen-Verfahren" zur Arbeitssystembewertung. Verlag für neue Wissenschaft: Dortmund.